中国机械工业教育协会"十四五"普通高等教育规划教材

机械创新设计实践

主　编　汤赫男

副主编　李云龙　郭忠峰　赵铁军

参　编　焦志彬　杨　斌　谷艳玲

主　审　王世杰

机械工业出版社

本书系统地阐述了机械设计的基础理论、机构创新设计的基本路径、创新思维的培养以及具体的机械创新设计方法，并通过具体实例进行介绍与引导。全书共 7 章，包括绪论、创新设计基础、机构创新方法与实例分析、创新思维与技法、机械创新设计方法与实例、机械创新设计实践、机械创新设计实例等内容，附录部分提供了全国普通高校大学生竞赛榜单内的竞赛项目名单以及全国大学生机械创新设计大赛的参考资料。

本书可作为普通高等院校机械工程专业的核心课教材，也可作为大学生参与各类竞赛的辅助读物，还可作为机械工程技术人员的专业参考书。本书提供与实例相关的动画、视频等，读者可扫描书中的二维码进行观看。

图书在版编目（CIP）数据

机械创新设计实践／汤赫男主编. -- 北京：机械工业出版社，2025. 5. --（中国机械工业教育协会"十四五"普通高等教育规划教材）. -- ISBN 978-7-111-78034-2

Ⅰ. TH122

中国国家版本馆 CIP 数据核字第 20252K2Q31 号

机械工业出版社（北京市百万庄大街 22 号　邮政编码 100037）
策划编辑：段晓雅　　　　　　　责任编辑：段晓雅
责任校对：龚思文　李　婷　　　封面设计：张　静
责任印制：单爱军
保定市中画美凯印刷有限公司印刷
2025 年 6 月第 1 版第 1 次印刷
184mm×260mm·11 印张·267 千字
标准书号：ISBN 978-7-111-78034-2
定价：37.80 元

电话服务　　　　　　　　　　网络服务
客服电话：010-88361066　　　机　工　官　网：www.cmpbook.com
　　　　　010-88379833　　　机　工　官　博：weibo.com/cmp1952
　　　　　010-68326294　　　金　书　网：www.golden-book.com
封底无防伪标均为盗版　　　　机工教育服务网：www.cmpedu.com

前言

《国务院办公厅关于进一步支持大学生创新创业的指导意见》国办发〔2021〕35 号指出，"纵深推进大众创业万众创新是深入实施创新驱动发展战略的重要支撑，""将创新创业教育贯穿人才培养全过程。深化高校创新创业教育改革，健全课堂教学、自主学习、结合实践、指导帮扶、文化引领融为一体的高校创新创业教育体系，增强大学生的创新精神、创业意识和创新创业能力。"习近平总书记多次强调要继承发扬科学家精神，指出："新时代更需要继承发扬以国家民族命运为己任的爱国主义精神，更需要继续发扬以爱国主义为底色的科学家精神。"在大众创业、万众创新的背景下，更应该注重培养大学生的创新创业能力，提高个人综合素质，以适应国家创新驱动发展战略的要求，使其具备应对未来挑战的能力。

学习创新思维和创新设计方法，并将学科竞赛引入课程实践环节，可以全面提高学生的创新能力和实践设计能力。本书的编写以思 - 知 - 行贯穿其中，通过课赛结合的综合实践环节，构建较为完整的机械创新实践体系。其中一些案例素材选自编者多年来所指导的大学生机械创新设计大赛、大学生创新创业训练等活动的作品，这些作品记录了历届学生追求卓越的青春岁月，也给编者留下了很多感动和感悟。将学生科创作品反哺教学，激励更多的学生积极参与创新实践活动，也是编者编写本书的初心。

本书由沈阳工业大学汤赫男任主编，具体的编写分工如下：汤赫男编写第 1~4 章，李云龙编写第 5、6 章，郭忠峰、赵铁军、焦志彬、杨斌、谷艳玲编写第 7 章和附录。全书由沈阳工业大学王世杰教授主审。

本书在编写过程中参考了部分文献资料，并得到了许多同仁的指导和帮助。曾参与竞赛的同学们协助整理了竞赛资料，特别是姜瑞、贾欣雨、孙佳蓓、刘友成、何启华等同学，在此向他们表示真诚的感谢。由于编者水平所限，书中难免存在错误和疏漏，恳请读者批评指正。

编 者

目录

第 1 章 绪 论

博学之，审问之，
慎思之，明辨之，
笃行之。——《礼记·中庸》

第1章

绪论

1.1 机械设计概述

1.1.1 机械发展概述

机械是人造的用来减轻或替代人类劳动的多件实物的组合体。任何机械都经历了简单到复杂的发展过程，例如：为了举升重物，人们使用的方法依次为：斜面、杠杆、起重轳辘、滑轮组、手动（电动）轮、现代起重机。

从广义的角度讲，凡是能实现机械运动的装置都是机械。例如：锤子、钳子、剪子等简单工具是机械，打印机、汽车、飞机、机器人等复杂装备也是机械。在社会生活中，人们常把前者这些没有动力源的简单机械称为工具或器械，把后者这些有动力源的复杂装备称为机器，泛指时，则可以统称为机械。本书所研究的机械包含机器和机构，能够执行机械运动，同时完成能量、物料或信息的传递和转换。

机械经历了漫长的发展历程，我国古代的机械可以追溯到商朝和战国时期。在这个时期，人们发明了各种各样的机械产品，包括水车、风车、磨坊和编织机等。这些机械产品改变了当时人们的生产方式和生活方式，极大地提高了生产力和生活水平。这些古代机械的发明和创新，为现代机械的发展奠定了基础，也体现了我国在科技和文明领域的辉煌历史。同时，艺术家们的作品也为古代机械技术提供了记载，如五代时期《闸口盘车图》精细描绘了水磨图样（图1-1），《清明上河图》展示了北宋都城东京（今河南开封）的船舶（图1-2）、车辆、桥梁等。

图 1-1 《闸口盘车图》中的水磨局部图

图 1-2 《清明上河图》中的船舶

在世界文明史中，我国在机械工程领域占有重要地位，凭借卓越的科学成就而在世界科学技术之林独树一帜。在漫长的历史进程中，中华民族创造了众多令人赞叹的机械奇迹，娴熟地运用了机械学、振动学、声学和光学原理。这些独具匠心的发明与设计，构思巧妙、技艺精湛，为世人所赞誉。

自 18 世纪英国工业革命以来，人类在机械制造领域取得了显著的突破。图 1-3a 所示为英国工业革命中最具代表性的发明之一——蒸汽机。这一发明使得人类能够利用二次能源，为经济的快速发展奠定了坚实的基础。蒸汽机的出现，标志着人类进入了机械化生产的新时代。图 1-3b 所示为早期镗床，其动力来源于蒸汽机驱动的带传动装置。后来人类又发明了内燃机和电动机等复杂的机械设备，进一步推动了现代机械制造业的发展。这些高效的动力传输方式为金属材料的精确加工提供了必要的条件，大大提高了生产效率。在这一过程中，人类不断探索、创新，为现代社会的发展做出了巨大贡献。

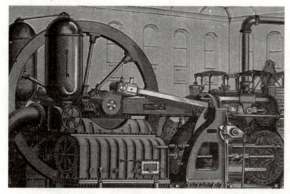

a) 蒸汽机　　　　　　　　　　　　　　　　　b) 早期镗床

图 1-3　工业革命期间的机械

机械工业是一个国家发展的基础，现代社会的发展离不开机械。以人工智能、大数据、机器人等为代表的新技术推动的第四次工业革命，正在不断走向深入。制造业是国民经济的主体，是立国之本、兴国之器、强国之基。从计算机到"工业之母"机床，所有的产品都具有机械功能，都需要进行机械设计，而且产品零件又需要机械设备来制造并进行装配。无论产品变得如何"智能"，都需要机械机构设计。同时，随着新技术、新材料的发展，现代机械工业也迎来了重大机遇和挑战。

1.1.2　我国古代的机械设计思想

在我国古代，许多杰出的设计思想被记录在文献中，例如《周礼·考工记》《墨经》《新仪象法要》《农书》和《天工开物》等，详细介绍了各种机械的设计原理、制作工艺和使用方法，为人们了解古代机械工程的发展提供了宝贵的资料。回望我国古代文献中有关机械设计的思想，领略并领悟先人在科技创造中所展现的创造精神，对于现今的机械设计是具有重要意义的。

1. 生产技术和检验方法的标准思想

《考工记》记录了古代车辆制造的技艺，强调标准、系列和通用设计。书中记载有专门负责轮子、车厢和车辕制作的工匠，这种专业化和精细分工缩短了设计和制造周期，提高了产品质量，促进了生产发展。同时也规定了车轮的技术和检验标准，以确保最佳效果。"故可规、可萬、可水、可县、可量、可权也，谓之国工"。《考工记》中对车轮制作的规范堪称卓越，不仅体现了精湛的工艺技术，更展现了科学严谨的制造理念。例如，曾侯乙编钟的制造与设计，既严格遵循了制造、设计规格和标准样式，确保单个编钟的音色效果，又全面考虑了其在整体演奏中的协调与平衡。古代乐钟制造所需机械工程技术及其工艺过程见表 1-1。

表 1-1　古代乐钟制造所需机械工程技术及其工艺过程

机械工程技术	工艺过程	机械工程技术	工艺过程
工程制图技术	工程几何作图、图样清绘	焊接技术	铸焊、铅锡合金焊、组合焊
铸造技术	造型材料及工艺、合箱浇注	金属热处理技术	退火、回火、淬火
冶金技术	选矿、冶金熔炼、浇注	金属冷加工	磨

2. 几何参数的互换性思想

在机械制造中，产品的标准化体现在多个方面，如几何参数、机械性能和理化性能。这些规定不仅体现在行业标准中，国家的法律法规也对其有所规范。秦律中的工律就是一个典型的例子，它作为当时的机械制造国家标准，明确了各项标准要求，其核心在于实现几何参数的标准化，以满足互换性的需求。这不仅方便了零件的替换，还提高了生产效率。

在秦代，箭镞的生产就是一个很好的实践例子。为了实现零件的互换性和提高生产效率，箭镞的尺寸、形状和表面质量等都经过了严格的标准化。这不仅保证了箭镞的精度和一致性，还为当时的军事工业发展提供了有力支持。

3. 控制工程思想

宋代苏颂及其团队精心设计水运仪象台，借鉴前人成果并加以创新。他们汲取了北宋初年张思训的浑仪结构，并加以改进。水运推动系统则借鉴了汉代张衡的"漏水转之"原理，并结合了其后朝代的水运浑天仪装置。该装置集中了观测、演示和报时设备，构成了一座自动化天文台。水运仪象台以水为动力源来驱动枢轮恒速运转，以驱动浑象和浑仪两个齿轮系，还包含了一套由受水壶的水重自动调整的负反馈系统。其中，天衡装置作为自动调节系统，确保枢轮能够保持稳定的恒速转动。该装置的调整量直接与水壶内的水重相关。枢衡与格叉之间的杠杆起到了在自动调整系统中连接检测元件与比较元件的作用。枢衡所承受的预定质量，被视为该自动调整系统的输入。杠杆所检测到的任何细微误差，都将通过天衡横杆来精确控制天关的运行。这套系统不仅展示了闭环自动调整系统的核心设计理念，更与现代自动控制系统的思想相呼应。图 1-4 所示为水运仪象台受水壶水重自动调整系统框图。

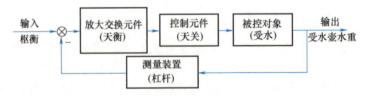

图 1-4　水运仪象台受水壶水重自动调整系统框图

1.2　创新与实践

1.2.1　创新的内涵

1. 设计的由来

设计这一概念可从广义和狭义两个层面进行阐释。从广义角度而言，设计是指对人类创造活动进行事先规划的创造性过程,它涉及提出创新构思、确立目标以及制订相应的实施策略,是人类智慧和创造力的集中体现与综合运用。狭义上的设计则特指特定行业内的设计实践,例如,机械设计、工业设计、集成电路设计、电力设计、建筑设计、水利设计、城市规划设计、软件设计等。在当代社会,设计已成为各行各业不可或缺的生产组成部分。

设计作为一种活动,其历史与人类文明同样悠久。数千年来,人类创造了灿烂的文化,从远古时期的石刀、石斧等工具,到现代探索宇宙的人造卫星、宇宙飞船;从最初简单的设计动机,到如今有计划、有步骤地探索宇宙奥秘的宏伟蓝图;从古代到现代,从低级到高级,从简单到复杂,从狭窄到广阔,设计始终贯穿其中。换言之,人类在认识世界、改造世界的过程中,无论是物质财富的创造,还是精神财富的创造,都离不开设计。因此,人类生存与生活的世界,实际上是自然世界与人造世界的融合体。

设计是人类在有限的时空范围内,在特定的物质条件下,为了满足特定需求而进行的一种有意识、有目的的创造性思维实践活动。对于机械产品设计而言,就是尽可能少地消耗材料、能源、劳动力、资金等方面的资源,而创造出满足预先功能要求的物质实体。设计除了依据自然科学、生产工程学等知识以外,还要考虑人因工程学、经济学、美学等各方面因素,是多学科交叉和系统优化的创造过程,这就要求设计者在技术、市场、时机等多个维度上作出更为精准的判断。

2. 创新活动

创新是推动国家发展和社会进步的不竭动力,对各个行业的发展都具有重要意义。创新是以有别于常规思路为导向的思维过程,结合现有的知识理论和经验常识,为满足社会需求而进行的创造和更新过程,并能获得一定的有益效果。每个人都有潜力成为具有创新能力的人,关键在于是否愿意接受新的思维方式和观念。通过不断学习和实践创新的方法和技巧,可以逐渐提高自己的创新能力。这种能力不仅能够帮助人们解决各种问题,还能为个人和职业发展带来机会。

对于创新有一种形象的表达方式:创新 = 发明×商业化。创新一方面需要发明创造,同时也要体现创造的价值。也就是说,新思维、新想法、新发明、新技术、新产品和新应用,最终目的是满足社会需求和创造价值。

在过去十余年中,我国在科技创新方面,如载人航天、探月探火、深海深地探测、超级计算机、卫星导航、量子信息、核电技术、新能源技术、大飞机制造、生物医药等,都取得重大成果,5G、高铁、新能源汽车等新兴产业领跑全球。在当今快速变化和竞争激烈的市场环境下,产品只有通过不断创新才能在市场上立足和发展。我国在科技创新方面的显著进步,为产业的快速发展和经济的持续增长提供了强劲的动力。建设创新型国家是我国面向未来的重大战略选择,这不仅关乎经济的持续发展,更直接关系到我国在全球舞台上的地位和影响力。要实现创新,首先必须深入理解创新的本质和重要性。创新不仅是科技的突破,更是思维方式和解决问题路径的革新。因此,培养创新思维,敢于挑战传统,是推动创新的关键。

对于个人而言,每个人在生活中,时常会遇到各种挑战和难题,为了更好地应对这些挑战,需要不断地思考和创新。创新并非特定行业所独有,也非仅凭卓越智慧方可实现。即便是最小的创意,也可能带来巨大的影响,每一个人都应主动提升自己的创新能力。创新并非一味地追求新奇和独特,除了具备创新意识和观念,还要在各自领域内积累了深厚的基础知识和实践经验之后,去寻求新的突破和创新。

1.2.2 实践的重要性

实践是检验真理的唯一标准，从古至今，众多学者都强调实践在认识世界、探索真理过程中的重要作用。实践不仅帮助人们积累经验，丰富知识，还能推动理论的创新与发展。学习的最终目的是将知识应用于实际工作，个人的学习、工作和职业发展，都需要持续地学习和实践。

机械工程专业是一个实践性很强的专业，从业者需要具备较高的实践能力，因此创新与实践是机械工程专业教学中不可或缺的组成部分。创新不仅可以拓展视野，使学生掌握最新的技术和理论，而且还可以激发其内在创造力和想象力，提高解决问题的能力。实践可以更好地使学生了解理论知识在实际生产中的应用，提高实际操作技能，为以后的工作打下坚实的基础。

专业技术实践不但包括技术研发实践，也体现在产品推广的全过程，使产品获得最大的价值，这也是创业过程中不可或缺的重要环节。创新和创业的关系可以概括为：创业是将创新的载体实现价值的过程，创业本身就是创新的一个实践的过程。科技领域的创新创业一般可以分为三个阶段，见表1-2。

表 1-2　科技领域的创新创业过程

阶段	形式	目标
创新	创新为主	形成具有科学上的原始创新或者核心技术突破等的知识产权
创业	产品为主	形成能够在市场上占有一席之地的产品和系列技术创新
商业	价值为主	形成生态链并转化为最大价值和利益

创新创业教育已经成为全球高等教育的一大热点，是我国建设创新型国家一系列战略举措的重要组成部分。党的二十大报告指出，"必须坚持科技是第一生产力、人才是第一资源、创新是第一动力，深入实施科教兴国战略、人才强国战略、创新驱动发展战略，开辟发展新领域新赛道，不断塑造发展新动能新优势""教育、科技、人才是全面建设社会主义现代化国家的基础性、战略性支撑"。

1.2.3 发明创造的来源

人类进化过程中经历了显著的转变：由四肢爬行逐渐进化至直立行走。人类释放了双手，进而掌握了工具的使用方法。在此过程中，人类持续学习，智力不断提升，创造出各种工具和机器。我国古代已有造纸术、印刷术、指南针、火药这四大发明，彰显了人类创新的智慧。

从实际的技术创新需求出发，设计出更加具有实际意义、更能满足人们需求的产品，是发明创造的一般动力来源，常见的发明创造途径可以从以下几方面考虑。

1. 服务生活

当今人类社会已经步入了一个物质充足的时代，生活用品种类繁多。然而日常生活中的许多物品仍有待改进，这些潜在的改进点均可作为创新研究的课题，通过改进能够极大地提升人们的便利性和舒适度。部分创新成果源于人类对于生活便捷性的追求。例如，为了减轻行走的劳累，人类发明了自行车、汽车、火车、轮船、飞机等交通工具；为了减轻家务强度，人类发明了电饭锅、洗衣机、吸尘器、扫地机器人等家用电器。这些发明均体现了人类通过技术创新来改善生活所付出的努力。

从经济视角审视，服务于日常生活的创新往往能带来意料之外的经济效益，且通常投资较少而成效显著。众多企业正是凭借一些生活中的创新设计产品迅速发展壮大。在我国实用新型专利的范畴内，与日常生活相关的发明占据了相当大的比重。这一现象表明，一方面，这些发明适应了市场需求的演变，有效地满足了人们的生活需求；另一方面，由于这些发明课题贴近生活，易于发现，且创新难度相对较低，故相对容易实现。大学生很容易从自己熟悉的日常生活中找到发明创造的灵感。例如，共享单车项目正是源自大学生创新创业竞赛中的成功案例。

2. 提高效率

时间对于人来说是最宝贵的，如何进一步提高生活效率、生产效率、工作效率，如何更节能、更高效，是设计者需要持续关注的问题。机械产品创新设计可以从简化工艺流程，提高生活效率、生产效率方面入手。

例如，在生产技术方面，自动化和智能化是提高生产效率的重要手段。通过引入机器人、自动化生产线和智能控制系统，可以减少人工操作的错误和时间消耗，实现24h不间断生产。同时，利用大数据分析和人工智能技术，可以对生产过程进行实时监控和预测性维护，减少设备故障和停机时间。在产品设计方面，可以通过模块化设计来提高生产效率。模块化设计允许各个部件独立生产和组装，从而提高生产灵活性和缩短产品上市时间。此外，采用环保材料和节能技术，不仅可以提高产品的市场竞争力，还可以减少生产过程中的能源消耗和环境污染。持续改进和创新是提高生产效率的不竭动力，需要设计者关注行业动态和技术发展趋势，掌握新技术和新方法。

3. 深入挖掘现有技术的潜在价值

深入挖掘现有技术的潜在价值，意味着须系统搜集当前科学技术领域的资料与信息，掌握科技发展的最新动态，尤其是那些尚未得到广泛应用的技术创新。通常情况下，尚未普及的技术往往蕴含着巨大的潜在价值，对于创新发明而言，这些技术具有更大的开发潜力。科学技术作为一种关键的生产力，其核心价值在于创新过程中的应用，以及对现有技术体系的持续推动与完善。

（1）将科学发现或技术原理直接应用于创新发明　将科技原理直接应用于具体发明课题的创新，是创造发明的常见形式。当然，这一过程的难度也相对较大。选择此类发明课题，要求发明者具备扎实的科技理论基础和完备的科研条件。

（2）将成熟技术引入新的应用领域　技术原理本质上具有普遍性，技术移植即指将已在某一领域成功应用的技术，转移到另一领域进行应用。此类通过技术移植实现的创新发明案例不胜枚举。技术移植可细分为技术原理移植、技术手段移植和功能移植等。例如，发泡技术最初仅用于食品行业，如烘焙面包和蒸制馒头，将发泡技术应用于橡胶生产，橡胶海绵得以成功研制。

4. 填补产品空白

产品更新换代的速度越发迅速，面向某些技术空白产品的创新，不仅能更有效地满足现实需求，而且通常能迅速得到生产企业的采纳，从而产生显著的经济效益。越来越多的企业开始重视研发的投入，以通过技术创新来抢占市场先机。当然这种创新并非易事，需要有扎实的专业技术基础、敏锐的市场洞察力、强大的研发能力和足够的资金支持。

在很多领域，此类创新的难度更大，涉及跨学科的知识和技术融合。例如，生物技术与信息技术的结合，为医疗健康领域带来了革命性的变化。通过大数据分析和人工智能算法，医生可以更准确地诊断疾病，制订个性化的治疗方案。这种创新不仅提高了医疗服务的质量，还降低了医疗成本，造福了广大患者。随着全球气候变化问题的日益严峻，环保技术的创新也日益受到重视，各国政府纷纷出台严格的环保法规，推动企业进行绿色技术的研发。例如，新能源汽车的推广使用，不仅减少了对传统化石燃料的依赖，还显著减少了汽车尾气的排放。

1.2.4 开启创新之旅

1. 创新源于突破

机械创新设计需要打破常规，打破常规不仅仅是为了与众不同，更是为了找到更高效、更合理、更人性化的解决方案。机械创新往往并不是那些看似惊世骇俗的设计，而是在细节上下功夫，通过微小的改进，实现整体性能的大幅提升，还需要注重用户的需求和体验，通过人性化的设计，让产品更加符合用户的使用习惯和需求。

机械创新设计需要体验者不断地学习、思考和实践，关注行业的最新动态和技术发展趋势，了解用户的需求和反馈。同时，还需要具备跨学科的知识储备和团队合作能力，以便更好地应对各种复杂的问题和挑战。下面以本科学生参加竞赛设计的采摘机器人中的一些创新设计为例进行说明，图1-5所示为采摘机器人工作原理示意图。

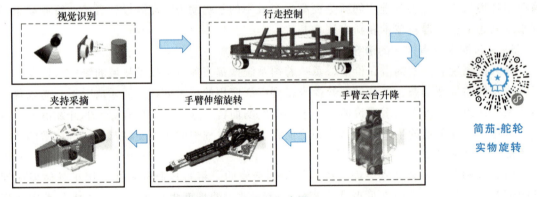

简茄-舵轮
实物旋转

图1-5 采摘机器人工作原理示意图

（1）车轮不一定是四个 保持开放和创新的思维，不要拘泥于传统模式。在各种车辆与行走装置的设计中，人们普遍倾向于采用四轮作为行走装置的标准配置。然而，车轮数量必然为四个吗？实际上可以是两个或三个，如自行车和三轮车，但这些都是后轮驱动。如图1-6所示，采摘机器人行走底盘采用的是三组分别驱动的舵轮，通过巧妙运用舵向角电动机和驱动电动机，该底盘系统能够实现灵活转向和高效驱动，轻松应对复杂多变的地形条件。三舵轮设计使每个轮子的整体结构得到简化，能独立控制转向和驱动，无需差速器即可实现转弯，不仅提高了机器人的运动灵活性，还使其能够在狭窄空间内完成精确的轨迹规划。

（2）齿轮不止有外啮合 在日常生产和生活中广泛应用的齿轮传动系统中，大部分情

图1-6 三舵轮全向行走设计

况下，齿轮之间的啮合都是外啮合，外啮合齿轮在许多机械装置中发挥着至关重要的作用，如减速器、变速箱等。然而，齿轮传动不止有外啮合，还有内啮合。内啮合设计虽然不如外啮合常见，但在某些特定的应用场景中，能够发挥特殊的作用。

如图1-7所示，为了确保采摘机器人的机械臂能够到达不同位置，在机械臂根部采用内啮合齿轮形成一个旋转关节，通过驱动电动机带动内部小齿轮旋转。大齿轮安置在机械臂托架之间，采用薄壁滑动轴承进行连接，通过内啮合齿轮的传动比的作用，在驱动机械臂旋转的同时实现转矩的提升。

a)

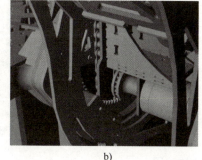
b)

机械臂实物

机械臂内
啮合齿轮

图1-7 内啮合齿轮设计实例

（3）链不只用来传动 按用途分，链分为传动链（主要用于传递动力）、起重链（主要用于传递力）和输送链（主要用于物流）。链的承载能力大，能适应恶劣工作条件，成本低廉，适用于大中心距的传动。常见的链主要用来传递动力，即传动链，如自行车。

如图1-7a所示，内啮合齿轮设计实例（采摘机器人）的升降机构采用的是输送链与卡扣的设计，卡扣与机械臂托架刚性连接，链带动图1-8中的机械手臂进行升降，从而使机械臂抬升到指定位置，实现对作物的精准采摘。输送链具有高强度、耐磨损的优点，以应对长时间作业带来的稳定性问题。卡扣采用了模块化设计，便于快速更换和维护，大大提高了采摘机器人的工作效率和使用寿命，同时扩大了采摘机器人的适用范围。

（4）相机不只用来摄影 当前，摄影设备已超越其传统摄影功能，逐步演变为自动化与智能化的关键工具。采摘机器人借助摄像头技术识别作物的具体位置，并控制机器人执行

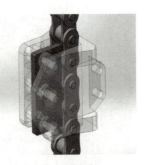

简茄-升降机构

输送链

图 1-8　输送链设计实例

采摘作业。RGB 摄像头负责捕捉茄子图像，通过深度学习算法分析茄子的特征，并精确输出其三维坐标。摄像头扫描植物，构建深度图环境，并与摄像头数据融合，以提升定位的精确度。视觉系统提供的茄子三维坐标，供控制系统和机械手臂进行精准抓取，而且能够实时监测茄子的生长状况及环境信息，如图 1-9 所示。

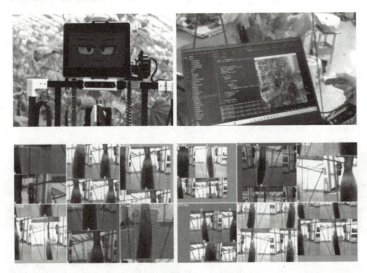

图 1-9　机器视觉应用实例

2. 创新活动的动因

创新活动通常由内在或外在因素激发创新动机，进而引发创新实践的开展，目的是实现既定目标。在此过程中，实践者所获得的满足感也会进一步激发其对创新活动的热情。创新动因过程如图 1-10 所示。

图 1-10　创新动因过程

（1）外因　创新活动的动因往往包含多种因素，市场需求是推动创新的重要动力，企业需要不断开发新产品和新服务以满足市场需求。

1）科技进步为创新提供了新的可能性。新技术的出现不仅降低了生产成本，还提高了产品的性能和功能，从而激发了更多的创新活动。

2）竞争压力也是创新活动的重要动因。在全球化的背景下，企业面临的竞争越来越激烈。为了在市场中保持竞争优势，企业必须不断创新以提高竞争力。在这样的背景下，对在校生和从业者来说，创新能力的培养就更为重要。

3）创新能够提升自身的专业技能。通过不断学习和实践新知识、新技术，人们可以在专业领域内保持竞争优势。创新能够增强自身的适应能力，能够适应新情况、新挑战的人更容易获得成功。创新思维使人们能够灵活应对各种复杂情况，快速找到解决问题的方法。面对技术变革，通过创新的设计思路和技术应用，可以更好地适应新技术的发展趋势，提升工作效率。

所以，无论在学历提升还是职场面试的过程中，具有创新能力的人往往更容易获得重视，能为其未来的职业道路增添更多的机会。

（2）内因　创新活动的动因不仅仅局限于外部因素，对于在校生来说，更应该关注创新的内因，它源于个体的内在需求和追求。

1）好奇心和求知欲是创新的原动力。在校生正处于知识的积累阶段，对未知领域充满好奇，这种好奇心驱使他们不断探索和尝试，从而产生新的想法和创意。求知欲则促使他们不断学习和掌握新知识，为创新提供坚实的基础。

2）马斯洛的需求层次理论指出，自我实现是人类需求的最高层次。在校生希望通过创新活动实现自己的价值，展示自己的才华，从而获得成就感和满足感。这种内在的追求可以促使他们在学习和研究中不断突破自我，创造出具有创新性的成果。

3）在校生生活在一个充满竞争的环境中，无论是学术研究还是各类学科竞赛，都给他们提供了一个展示的平台，与其在青春中迷茫和惆怅，不如行动起来，通过创新展示自己的才华吧。

4）社会责任感与使命感的召唤，使得创新不仅成为个人成长的必需，更是对社会进步的贡献。通过创新成果解决现实问题，可以提升人们的生活质量，促进社会发展。

3. 开始行动

无论出于外因还是内因，行动起来，开启创新设计之旅吧！比如，可以从实际需求出发，设计一部码垛机器人，如图 1-11 所示；也可以从兴趣出发，设计一只可以爬行的壁虎机器人，如图 1-12 所示。创新设计不仅仅是一种专业技能，更是一种态度，一种对美好生活的追求。

图 1-11　码垛机器人

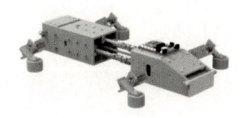

图 1-12　壁虎机器人

（1）学会感受　观察周围的世界，观察人们的需求，观察那些被忽视的细节。只有通过细致入微的观察，设身处地才能发现问题，找到改进的切入点。

（2）勇于尝试　创新设计往往伴随着失败，但正是这些失败铺就了成功的道路。不要害怕尝试新的材料、新的工艺或新的技术。

（3）善于合作　创新设计往往需要跨学科、跨领域的合作。不同的视角、不同的专业领域的个体进行合作，可以碰撞出更多的火花，激发出更多的创意。

（4）保持学习　新的理念、新的工具和技术层出不穷，只有不断学习，才能跟上时代的步伐，才能在激烈的竞争中立于不败之地。

无论外因如何变化，无论内因如何抉择，只要行动起来，保持对创新设计的热爱和执着，就能在这条充满挑战和惊喜的道路上发现乐趣。

第 2 章　创新设计基础

合抱之木，生于毫末；

九层之台，起于累土；

千里之行，始于足下。——《老子》

第2章

创新设计基础

2.1 机械系统的组成

机械是机构和机器的总称，是人造的用来减轻或替代人类劳动的多件实物的组合体，任何机械都经历了由简单到复杂的发展过程。在我国古代的机械发明创造中，很多是关于农业器械和纺织机械方面的，这与古代人们的生活需求息息相关。人类对生活以及生产的需要，推动着机械制造的进步。

机械功能的实现一般都会用到各种机构，机构是能够用来传递运动和力或改变运动形式的多件实物的组合体，如连杆机构、凸轮机构、齿轮机构等。从东周时期到明朝时期，各类机械器具、金属冶炼技术、加工制造工艺等都得到了飞速发展，出现了连杆、齿轮、绳索、链传动等传动构件。机器是根据某种具体使用要求而设计的多件实物的组合体，如机床、工业机器人、运输车辆、农用机器等。

2.1.1 功能分析

机械设计过程首先要从机械系统的角度出发，机械系统是由若干个零件、部件和装置组成并完成特定功能的系统。机械系统又是人-机-环境大系统的一部分，其内部有多个子系统，可以实现能量流、物质流、信息流的转换。现代机械种类繁多，结构也越来越复杂。但从实现系统功能的角度看，主要包括下列子系统：动力系统、传动系统、执行系统、操纵和控制系统等，如图2-1所示。每个子系统又可根据需要继续分解为更小的子系统，在设计时应尽可能兼顾各个子系统，寻求整体最优化设计。例如，一辆汽车是一个机械系统，由底盘、动力系统、传动系统、车身等部分组成，动力系统可以是发动机或者电动机，执行系统

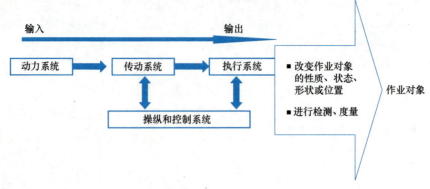

图2-1 机械系统的组成及功能

是车轮；操纵和控制系统是方向盘、变速手柄和按键等，抑或是计算机自动控制；传动系统包括变速器、带传动等。各子系统相互关联、彼此影响，以完成交通运输的功能。机械系统各子系统具有各自不同的性能，但在结合时必须服从整体功能的要求，设计上的优劣最终体现在其整体性能上。

机械设计的目的是为市场提供满足使用功能、性价比高、安全可靠的机械产品，为生产企业获得经济效益。机械产品的质量和经济效益的高低关键取决于设计，有了合理的设计，才能有高质量的产品。据统计，产品质量事故中约有50%是设计不当造成的，并且产品的成本60%~70%取决于设计。因此，机械设计过程中，要从系统的观点出发，合理确定设计功能，提高产品的可靠性和经济性，同时要保证产品安全性。

2.1.2　机械系统设计的主要过程

机械系统设计的主要内容包括以下几方面。

1. 确定设计计划，制订设计任务书

机械产品的设计以社会需求为目标，面向市场需求。不同时期、不同场景、不同环境下，设计需求都会有所不同，产品要不断地更新换代，以适应市场需求和竞争环境的变化。需求决定了产品功能的定位，功能按性质分为基本功能和辅助功能，在满足基本功能的前提下，合理选择辅助功能，可以提高产品的竞争力。

2. 外部系统设计

机械产品设计是一个涉及多方面、多环节的复杂过程。在这个过程中，需要考虑许多因素，如机械产品的功能、性能、外观、可靠性、成本、制造工艺等。

设计机械产品时，首先要了解客户的需求和要求，要对客户的市场、品牌、产品、目标用户等方面进行研究和分析。通过了解客户需求，可以确定机械产品设计的目标和方向，为后续的设计提供有力的指导。在需求分析的基础上，再进行概念设计。这个阶段的目标是确定机械产品的整体结构、功能、外形，以及使用的材料和工艺等，需要考虑产品的市场定位、目标用户、竞争对手等因素。

3. 内部系统设计

根据机械的工作原理，选择适宜的机构，拟订设计方案。同一个功能的实现，具有多种工作原理和设计方案，要根据设计目标的侧重点以及约束条件确定好方案。之后，进行运动分析和动力分析，计算各构件上的载荷；进行零部件工作能力计算、总体设计和结构设计。

完成零部件尺寸参数计算设计并确定加工工艺、装配方法的阶段往往需要进行多次修改和优化，以实现最优的设计效果及机械产品的高质量和高性能。在这个过程中，需要运用多种设计工具和技术，以及多种材料和工艺，以实现机械产品的创新和优化。

4. 制造和销售

在机械零部件和装配设计的基础上，制作出样机进行实际测试和评估，以便进行修改和优化。这个阶段需要对样机进行多次测试和修改，以确保机械产品的性能和质量。最后，进行生产制造，包括零部件的制造、装配和测试等过程，以及产品的质量控制和售后服务。这个阶段需要进行严格的质量控制和管理，确保机械产品的质量和性能达到预期的要求。机械系统设计过程如图2-2所示。

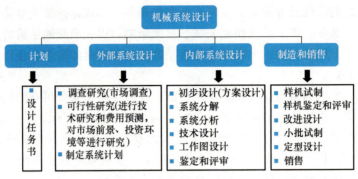

图 2-2　机械系统设计过程

2.1.3　功能分解

工作原理的选择对于机械设备的性能和经济效益有着至关重要的影响，基于不同的工作原理，可以设计出满足各种需求的机械，从而实现不同的工艺动作和功能，所获得的性能和经济效益也各不相同。

1. 机械总功能的分解

机械总功能的分解是设计过程中的基础步骤。通过将总功能分解成多个功能元，可以深入了解各功能元之间的关系，并确定实现这些功能的执行机构。这一过程有助于更好地理解机械的工作原理，将功能元进行组合、评价、选优，从而确定其功能原理方案，并为后续的设计提供指导。

2. 功能原理方案的确定

将总功能分解成多个功能元之后，对功能元进行求解，将需要的执行动作用合适的执行机构来实现。为了得到能实现功能元的机构，在设计中，需要逐一确定执行构件的基本运动形式和机构的基本功能。

形态学方法是一种用于解决问题和设计的常用方法。选择工作原理时，可将总功能进行分解，列出各分功能，然后应尽可能列出各分功能可行的候选方案，从而进行方案的比较和优化，从中选择最佳的设计方案。这不仅有助于提高机械的性能，还能有效降低成本，提高经济效益。

以日常熟悉的洗衣机为例，首先分析洗衣机工作技术过程，如图 2-3 所示。

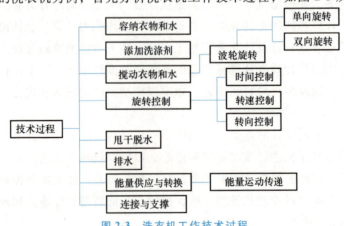

图 2-3　洗衣机工作技术过程

在分析洗衣机工作技术过程的基础上，对洗衣机的总功能进行分解。可以将洗衣机的总功能分解为 A 容纳衣物和水、B 洗涤原理、C 运动传递、D 控制方式四个分功能。在设计洗衣机时，列出可以实现各分功能的功能载体。洗衣机设计方案的形态学矩阵见表 2-1。A 容纳衣物和水的方式有四种，B 洗涤原理有三种，C 运动传递原理方案有两种，D 控制方式有三种。将各分功能进行功能载体的组合，可以得到 $N = 4 \times 3 \times 2 \times 3 = 72$ 种不同的组合方案。

表 2-1　洗衣机设计方案的形态学矩阵

分功能	功能载体			
A 容纳衣物和水	金属桶	塑料桶	玻璃钢桶	陶瓷桶
B 洗涤原理	机械摩擦	电磁振荡	超声波	
C 运动传递	带传动	齿轮传动		
D 控制方式	人工控制	机械定时	计算机自控	

对于得到的可选方案，通过初步经验可以剔除掉大部分，得到有限的备选方案；同时考虑成本、材料、加工技术等约束条件，可以进一步进行筛选，得到少数可选方案。例如，对于 B 洗涤原理，当考虑经济性时首先选择机械摩擦，而排除电磁振荡和超声波。

为确定最终方案，需要对可选方案进行评价。如同优化设计过程中，多个目标均达到最优是不可能实现的，只能在各目标之间进行协调权衡。例如，在追求产品功能多样性的同时，往往成本会随之增加；在追求轻质化设计的同时，可能结构强度会降低。所以，对于方案评价而言，必须确定优先保证哪些基本功能，然后综合进行评价。例如，一般对功能、费用、时间、可靠性、外观等方面进行综合评价时，可为各评价指标分配权重，然后进行综合评价。

2.1.4　工艺动作设计

同一功能可以由不同的工作原理来实现，进而工艺动作过程也不同。工艺动作过程是实现机器功能所必需的一系列动作的组合，这些动作按照特定的顺序排列。

1. 工艺动作过程

通常情况下，机器的工艺动作过程较为复杂，难以通过单一机构来实现。因此，为了设计机械运动方案，需要将工艺动作过程分解为一系列按时间顺序排列的工艺动作，这些动作简称为执行动作。在机械系统运动方案的确定过程中，执行动作的确定和执行机构的选择构成了机构系统运动方案设计中极具创造性的部分。执行动作的数量、形式以及它们之间的协调配合，均与机械的工作原理、工艺动作过程及其分解密切相关。

许多工作机械的工艺动作流程是借鉴人类工作方式而设计的。例如，平台印刷机的设计原理即模仿了人类在纸张上盖章的一系列动作。通过适当优化这一流程，即可形成平台印刷机的工艺动作序列。拟人化和仿生学的原理有助于快速地、更好地构思工艺动作流程，这印证了前面所述机械的作用是代替或减轻人力劳动这一点。

图 2-4 所示为平台印刷机复印的工作原理，即将铅版上凸出的痕迹借助于油墨压印到纸张上。平台印刷机一般由输纸、着墨（即将油墨均匀涂抹在嵌压版台的铅版上）、压印、收纸四部分组成。平台印刷机的压印动作是在卷有纸张的滚筒与嵌有铅版的版台之间进行的。整部机器中各机构的运动均由同一电动机驱动，运动由电动机经过减速机构后分成两路，一

路经传动机构 I 带动版台作往复直线运动，另一路经传动机构 II 带动滚筒作回转运动。当版台与滚筒接触时，在纸上压印出字迹或图形。

版台工作行程的工艺动作过程中有三个区段，如图 2-5 所示。在第一区段中，输纸、着墨机构相继完成输纸、着墨作业；在第二区段中，滚筒和版台完成压印动作；在第三区段中，收纸机构进行收纸作业。

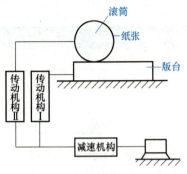

图 2-4　平台印刷机工作原理图

图 2-5　版台工作行程三区段

版台作往复直线运动，滚筒作连续或间歇转动。要求在压印过程中，滚筒与版台之间无相对滑动，即在第二区段，滚筒表面点的线速度相等。那么在设计中就应该考虑如何用相应的机构实现两部分执行机构要求的运动。

2. 系统运动协调

在机械系统的设计过程中，实现运动协调是一个至关重要的环节。为了达到这一目标，设计者通常会采用两种主要的方法。

一种方法是通过精确控制电动机或其他可控元件的时序来实现机械系统的运动协调设计。其优点是简便实用，因为该方法依赖于电子控制技术，使得设计过程相对容易实施；缺点是可靠性可能稍显不足，因为电子元件可能会受到环境因素的影响，如温度变化、电磁干扰等，这些都可能影响到时序控制的精确性，从而影响整个机械系统的协调性。

另一种方法是通过机构来实现。这种方法具有简单和实用的特点，不依赖于电子控制，通过机械结构和传动机构的巧妙设计来确保各个部件之间的运动协调。例如，通过使用齿轮、凸轮、连杆等机械传动元件，可以实现复杂的运动模式和精确的时序关系。这种方法的优点在于其较高的可靠性，因为机械传动通常不受电磁干扰的影响，且在恶劣环境下也能保持稳定的性能。但也有其局限性，例如，设计和制造过程可能更为复杂，需要更多的空间，质量大，以及可能增加系统的维护成本。

在涉及运动协调配合需求的执行机构中，通常会使用单一原动机，通过运动链将运动传递至各个执行机构，以此借助机械传动系统达成运动的同步配合。然而，在现代机械设备（如数控机床）的应用中，往往采用多个原动机独立驱动，并通过数控系统来实现运动的同步协调。

3. 工作循环图

在设计有多个需协同工作的执行机构时，首先需要按机械预定的功能和选定的工艺过程，把各机构的动作次序及时间用图形表示出来。表示机械一个工作循环中各执行机构运动配合关系的图形，称为工作循环图。为了使各执行机构能按照工艺动作有序地互相配合，必须进行工作循环图的设计。

分析各执行构件在执行工作任务中的功能及动作流程时，必须考虑动作的顺序、起止时间以及运动范围。在必要情况下，还需明确其位移、速度及加速度参数。基于这些运动数据，进而绘制工作循环图。在绘制工作循环图的过程中，应选定一个基准构件，通常选取主轴或分配轴作为基准构件，因为这些轴的完整旋转次数与机械的工作循环相对应。工作循环图有直线式工作循环图、直角坐标式工作循环图和圆周式工作循环图等形式。如图2-4平台印刷机的圆周式工作循环图如图2-6所示。

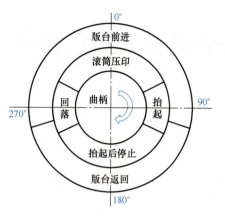

图 2-6　圆周式工作循环图示例

2.2　平面机构的设计与分析

2.2.1　平面机构简图

在机构运动分析和设计时，为了准确明了地描述机构中各构件的相对运动关系，采用标准画法绘制的简图，称为平面机构简图。

机构是由构件组合而成的，构件之间以一定方式相连接，连接使两个构件形成接触关系，也使构件之间产生相对运动，这种直接接触形成的可动连接称为运动副。平面运动副的常用符号和一般构件的表示方法见表2-2和表2-3。

表 2-2　平面运动副的常用符号

运动副名称		运动副符号	
		两运动构件构成的运动副	两构件之一为固定时的运动副
平面运动副	转动副		
	移动副		
	平面高副		

表 2-3　一般构件的表示方法

构件	符　号
杆、轴构件	
固定构件	
同一构件	
两副构件	
三副构件	
四副构件	
在机架上的电动机	
齿轮齿条	
带	
锥齿轮	

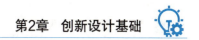
（续）

构件	符 号
链	
圆柱蜗杆蜗轮	
外啮合圆柱齿轮	
凸轮	
内啮合圆柱齿轮	
棘轮机构	

2.2.2　平面机构的自由度

构件所具有的独立运动的数目称为构件的自由度。一个作平面运动的自由构件具有三个独立运动，即三个自由度。用 n 表示机构中活动构件的数目，P_1 表示低副的数目，P_h 表示高副的数目，则平面机构自由度计算公式为 $F = 3n - 2P_1 - P_h$。计算机构自由度，要注意复合铰链、局部自由度和虚约束几个基本概念。

机构具有确定运动的条件是：机构自由度必须>0，且机构原动件的数目必须等于机构自由度数目。

两个构件间的运动副会产生点、线、面三种接触方式。当两个构件以某种方式组成运动副之后，两者之间的相对运动就受到约束，自由度随之减少。不同种类的运动副引入的约束不同，所保留的自由度也不同。在平面机构中，每个低副产生两个约束，使构件失去两个自由度；每个高副产生一个约束，使构件失去一个自由度。

1. 复合铰链

如图 2-7 所示机构中，由三个构件组成轴线重合的两个转动副，如果不加以分析，往往容易把它看成一个转动副。这种由三个或三个以上构件组成的轴线重合的转动副称为复合铰链。一般由 m 个构件组成的复合铰链应含有 $m-1$ 个转动副。

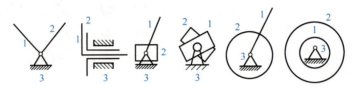

图 2-7　复合铰链

2. 局部自由度（多余自由度）

如图 2-8a 所示的凸轮机构，当凸轮 2 绕轴转动时，凸轮将通过滚子 4 迫使构件 3 在固定导路中做往复运动，显然该机构的自由度为 1。在计算机构自由度时，由 $n = 3$、$P_l = 3$、$P_h = 1$，得到 $F = 3 \times 3 - 2 \times 3 - 1 = 2$，与实际不符。其原因在于滚子 4 绕其自身轴线的转动并不影响整个机构的运动。设想将滚子 4 与推杆 3 焊接在一起，如图 2-8b 所示，机构的运动输入输出关系并不改变。这种不影响整个机构运动关系的个别构件所具有的独立自由度，称为局部自由度或多余自由度。在计算机构自由度

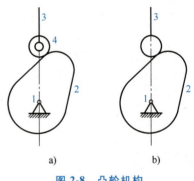

图 2-8　凸轮机构

时，应将它除去不计。于是，凸轮机构的自由度为：$F = 3 \times 2 - 2 \times 2 - 1 = 1$。

局部自由度虽然不影响整个机构的运动，但滚子可使高副接触处的滑动摩擦变成滚动摩擦，减少磨损，所以实际机构中常有局部自由度出现。

3. 虚约束

机构中的约束有些是重复的，这些重复的约束对构件间的相对运动不起独立的限制作用，称之为虚约束，在计算机构自由度时应将其全部除去。虚约束的情况相对复杂，对结构精度要求较高，如果不符合结构条件要求，可能会成为真正约束，使机构运动受到限制。

2.2.3　平面机构简图的绘制方法

1. 绘制平面机构简图的过程

1）分析机构的动作原理、组成情况及运动情况，确定其组成的各构件中何为原动件、机架、执行部分和传动部分。

2）沿着运动传递路线，逐一分析每两个构件间的运动性质，以确定运动副的类型和数目。

3）恰当地选择平面机构简图的视图平面。通常可选择机械中多数构件的运动平面为视

图平面，必要时也可选择两个或两个以上的视图平面，然后将其画到同一图面上。

4）选择适当的比例尺，定出各运动副的相对位置，并用各运动副的代表符号、常用机构的平面机构简图符号和简单线条，绘制平面机构简图。从原动件开始，按传动顺序标出构件的编号和运动副的代号。在原动件上标出箭头以表示其运动方向。

2. 平面机构简图绘制实例

下面以图 2-9 所示的小型压力机为例，具体说明运动简图的绘制方法。

首先，分析机构的组成、工作原理和运动情况。由图可知，该机构是由偏心轮 1、齿轮 1′、杆件 2、3、4、滚子 5、槽凸轮 6、齿轮 6′、滑块 7、压杆 8、机座 9 所组成。其中，齿轮 1′ 和偏心轮 1 固接在同一轴上，作为一个构件；齿轮 6′ 和槽凸轮 6 固接在同一转轴上，也是一个构件。即该压力机构由 9 个构件组成，其中，机座 9 为机架。运动由偏心轮 1 输入，分两路传递：一路由偏心轮 1 经杆件 2 和 3 传至杆件 4，另一路由齿轮 1′ 经齿轮 6′、槽凸轮 6、滚子 5 传至杆件 4。两路运动经杆件 4 合成，由滑块 7 传至压杆 8，使压杆作上下移动，实现冲压动作。由以上分析可知，构件 1-1′ 为原动件，构件 8 为执行部分，其余为传动部分。

然后，分析连接构件之间相对运动的性质，确定各运动副的类型。由图 2-9 可知，机架 9 和构件 1-1′、构件 1 和 2、2 和 3、3 和 4、4 和 5、5-6′ 和 9、7 和 8 之间均构成转动副；构件 3 和 9、8 和 9 之间分别构成移动副；而齿轮 1′ 和 6′、滚子 5 和槽凸轮 6 分别形成高副。

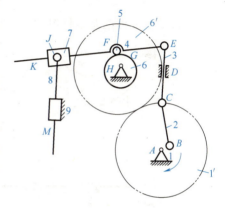

图 2-9　小型压力机结构运动简图

最后，选择视图投影面和比例尺，测量各构件尺寸和各运动副间的相对位置，用表达构件和运动副的规定简图符号绘制出机构运动简图。在原动件 1-1′ 上标出箭头以表示其转动方向。

2.2.4　平面机构的机构分析

1. 杆组拼接

拼接时，首先要分清机构中各构件所占据的运动平面，并且使各构件的运动在相互平行的平面内进行，其目的是避免各运动构件发生干涉。

所拼接的构件以原动构件作为起始，依运动传递顺序将各杆组由里参考面向外进行拼接。任何平面机构都是由若干个基本杆组依次连接到原动件和机架上而构成的。

2. 杆组的概念

机构具有确定运动的条件是其原动件的数目等于其所具有的自由度的数目。因此，如将机构的机架及与机架相连的原动件从机构中拆分开来，则由其余构件构成的构件组必然是一个自由度为零的构件组。而这个自由度为零的构件组，有时还可以拆分成更简单的自由度为零的构件组，将最后不能再拆的最简单的自由度为零的构件组称为基本杆组（或阿苏尔杆组），简称为杆组。

由杆组的定义，组成平面机构的基本杆组应满足条件：$F = 3 \times n - 2 \times P_1 - P_h = 0$。由于构件数和运动副数目均应为整数，故当 n、P_1、P_h 取不同数值时，可得各类基本杆组。

3. 杆组的拆分

当 $P_h=0$ 时，杆组中的运动副全部为低副，称为低副杆组。

由于 $F=3n-2P_1-P_h=0$，故 $n=2/3P_1$，n 应当是 2 的倍数，而 P_1 应当是 3 的倍数，即 $n=$ 2，4，6，$\cdots$；$P_1=3$，6，9，$\cdots$。

当 $n=2$，$P_1=3$ 时，基本杆组称为Ⅱ级杆组。Ⅱ级杆组是应用最多的基本杆组，绝大多数的机构均由Ⅱ级杆组组成，Ⅱ级杆组可以有如图 2-10 所示的五种不同类型。

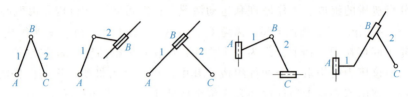

图 2-10 Ⅱ级杆组

$n=4$，$P_1=6$ 时的基本杆组称为Ⅲ级杆组。常见的Ⅲ级杆组如图 2-11 所示。

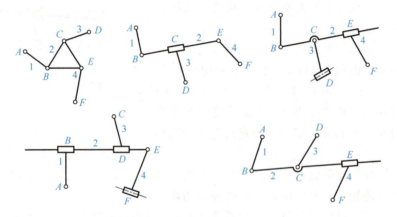

图 2-11 常见的Ⅲ级杆组

由上述分析可知，任何平面机构均可以用零自由度的杆组依次连接到机架和原动件上的方法而形成。因此，上述机构的组成原理是机构创新设计拼接的基本原理。

4. 机构拆分杆组举例

1）先去掉机构中的局部自由度和虚约束。

2）计算机构的自由度，确定原动件。

3）从远离原动件的一端开始拆分杆组，每次拆分时，要先试着拆分Ⅱ级杆组，没有Ⅱ级杆组时，再拆分Ⅲ级杆组，最后剩下原动件和机架。

拆去一个杆组或一系列杆组后，剩余的必须仍为一个完整的机构或若干个与机架相连的原动件，不许有不成组的零散构件或运动副存在，否则这个杆组就拆得不对。每拆分一个杆组后，再对剩余杆组进行拆分，直到全部杆组拆完，只剩下与机架相连的原动件为止。

如图 2-12 所示机构，可先除去 K 处的局部自由度；然后，计算机构的自由度；并确定凸轮为原动件；拆分出由构件 4 和 5 组成的Ⅱ级杆组，再拆分出由构件 6 和 7 及构件 3 和 2 组成的两个Ⅱ级杆组，以及由构件 8 组成的单构件高副杆组，最后剩下原动件 1 和机架 9。

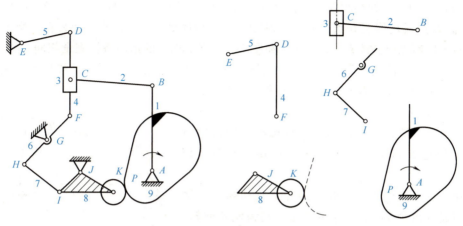

图 2-12 杆组拆分

2.2.5 机构实例分析

1. 内燃机机构

机构组成：曲柄滑块与摇杆滑块组合机构，如图 2-13 所示。

工作特点：当曲柄 1 作连续转动时，滑块 6 作往复直线移动，同时摇杆 3 作往复摆动，带动滑块 5 作往复直线移动。

该机构用于内燃机中，滑块 6 在压力气体作用下作往复直线运动（故滑块 6 是实际的主动件），带动曲柄 1

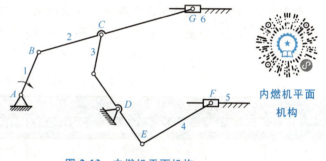

图 2-13 内燃机平面机构

内燃机平面机构

回转并使滑块 5 往复运动，使压力气体通过不同路径进入滑块 6 的左右端并实现进、排气。

2. 牛头刨床机构

图 2-14b 为将图 2-14a 中的构件 3 由导杆变为滑块，而将构件 4 由滑块变为导杆形成的机构。

机构组成：牛头刨床机构由摆动导杆机构与双滑块机构组成。在图 2-14a 中，构件 2、

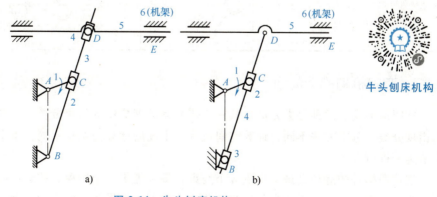

a)   b)

牛头刨床机构

图 2-14 牛头刨床机构

3、4 组成两个同方位的移动副，且构件 3 与其他构件组成移动副两次；而图 2-14b 则是将图 2-14a 中的 *D* 点滑块移至 *B* 点，使 *B* 点移动副在机箱底处，易于润滑，使移动副摩擦损失减少，机构工作性能得到改善。图 2-14a 和图 2-14b 所示机构的运动特性完全相同。

工作特点：当曲柄 1 回转时，构件 3 绕点 *A* 摆动并具有急回性质，使连杆 5 完成往复直线运动，并具有工作行程慢、非工作行程快回的特点。

3. 筛料机构

机构组成：该机构由曲柄摇杆机构和齿轮机构组成，其中齿轮 5 与摇杆 2 形成刚性连接，如图 2-15 所示。

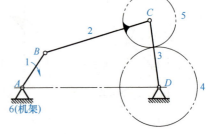

工作特点：曲柄 1 回转时，连杆 2 驱动摇杆 3 摆动，从而通过齿轮 5 与齿轮 4 的啮合驱动齿轮 4 回转。由于摇杆 3 往复摆动，从而实现齿轮 4 的往复回转。

图 2-15　齿轮-曲柄摇杆机构

2.3　空间机构设计基础

至少含有一个空间运动副的机构称为空间机构，空间运动副的常用符号见表 2-4。常见的空间运动副包括球铰链、拉杆天线、螺旋、生物关节等。三维空间内一个构件在未与其他构件连接前，可产生六个独立运动，也就是说具有六个自由度。

表 2-4　空间运动副的常用符号

运动副名称		运动副符号	
		两运动构件构成的运动副	两构件之一为固定时的运动副
空间运动副	螺旋副		
	球面副、球销副		

2.3.1　空间机构的运动副

空间运动副有两种分类方法。其一是按照运动副提供的约束分类，其二是按照运动副的自由度分类。分类方法不同，计算空间机构自由度的计算公式也不同。本书以运动副的约束方法为例进行介绍。

连接两构件的运动副最多提供五个约束，最少提供一个约束，按运动副提供的约束对运动副进行分类。提供一个约束的运动副称为Ⅰ级副，提供两个约束的运动副称为Ⅱ级副，提供三个约束的运动副称为Ⅲ级副，提供四个约束的运动副称为Ⅳ级副，提供五个约束的运动副称为Ⅴ级副，提供六个约束的运动副，两构件之间不能产生相对运动，相当于两构件固接，则不存在运动副，所以只有五种运动副。

1. Ⅰ级副

Ⅰ级副如图 2-16a 所示。球放在两平行平面内，球与平面形成点接触的高副，平面对球仅构成沿 z 轴方向的一个约束，球具有五个自由度，这种运动副应用很少。

2. Ⅱ级副

Ⅱ级副具有两个约束、四个自由度。如图 2-16b 所示的圆柱平面副中，提供沿 z 轴移动和绕 x 轴转动的两个约束，这种运动副应用也很少。

3. Ⅲ级副

Ⅲ级副是具有三个约束和三个自由度的运动副。如图 2-16c 所示的球置于球面槽中，形成典型的球面副。球面副限制了沿 x、y、z 轴的移动，保留绕三个轴转动的自由度。球面副在空间机构中应用广泛。

4. Ⅳ级副

Ⅳ级副是具有四个约束和两个自由度的运动副。如图 2-16d 所示圆柱副中，仅保留沿轴线的移动和绕轴线的转动自由度，Ⅳ级副在空间机构中应用较广泛。

5. Ⅴ级副

Ⅴ级副是具有五个约束、一个自由度的运动副。如图 2-16e 所示的螺旋副中，沿 y 轴的移动和绕 y 轴的转动线性相关，即每转动一圈沿轴线移动一个螺距，所以只有一个移动自由度，Ⅴ级副中的螺旋副应用较多。

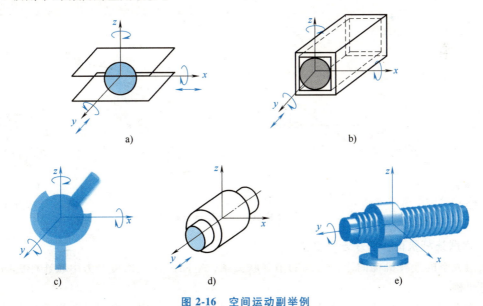

a) b)

c) d) e)

图 2-16 空间运动副举例

2.3.2 空间连杆机构的分类

空间机构的名称用运动副名称表示。第一个字母一般是原动件与机架连接的运动副的名称，然后按顺序依次排列，各类常用空间运动副的字母表示见表 2-5。

1. 闭链连杆机构和开链连杆机构

按组成空间连杆机构的运动链是否封闭，空间连杆机构可分为闭链连杆机构和开链连杆机构。

如图 2-17a 所示 RSSR 机构中，构件 1、2、3、4 通过转动副和球面副连接，形成一个由封闭运动链组成的空间四杆机构，构件 4 为机架。

如图 2-17b 所示 4RS 机构中，构件 1、2、3、4、5 通过转动副连接，形成一个不封闭的运动链，构件 1 为机架，则组成 4R 型空间开链机构，该机构是典型的机器人机构。开链机构在机器人领域应用广泛。在研究开链机器人机构时，往往不计末端执行器处的铰链（腕部铰链）和抓取手指部分。

表 2-5 常用空间运动副的字母表示

运动副名称		字母
I 类副	点接触高副	SE
II 类副	圆柱平面副	CE
	球槽副	SG
III 类副	球面副	S
	平面副	E
IV 类副	球销副	S'
	圆柱副	C
V 类副	转动副	R
	移动副	P
	螺旋副	H

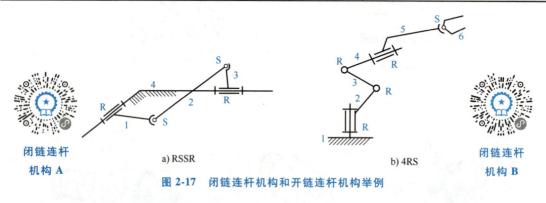

闭链连杆机构 A

a) RSSR

b) 4RS

闭链连杆机构 B

图 2-17 闭链连杆机构和开链连杆机构举例

2. 串联连杆机构和并联连杆机构

按组成空间连杆机构的连杆之间的串并联关系，空间连杆机构可分为串联连杆机构和并联连杆机构。

串联机构由多个构件通过转动或移动副相互连接而成，其中至少有一个构件与驱动源相连，后一个构件的运动是由前一个构件传递而来。串联机器人机构可以是平面开链机构，也可以是空间开链机构，其中大部分采用的是空间开链机构。图 2-18a 所示是由三个转动副、三个构件组成的串联机器人所用的 3R 串联机构。

并联机器人中，各构件形成多个封闭的构件系统，由多个输入构件共同驱动一个输出构件运动。并联机器人分为平面并联机器人和空间并联机器人。图 2-18b 所示为三自由度空间并联机器人使用的 3RPS 空间并联机构。这种并联机器人相对串联机器人而言，理论上具有刚度大的优点，因而承载能力大，但其运动空间较小，在空间运动模拟器中有广泛应用，一般将三个移动副采用三个液压缸驱动，实现动平台的空间复杂运动。

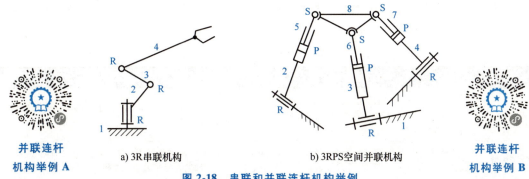

并联连杆
机构举例 A

a) 3R串联机构　　　　　　　　　b) 3RPS空间并联机构

并联连杆
机构举例 B

图 2-18　串联和并联连杆机构举例

2.3.3　空间连杆机构的自由度

三维空间中的每个自由构件有 6 个自由度，n 个构件则有 $6n$ 个自由度。这些构件用运动副连接组成机构后，构件的运动就会受到运动副的约束。n 个构件的自由度总数 $6n$ 减去各运动副的约束总数，就是机构的自由度数。

设机构中的 I 类副数目为 P_1，则其提供的约束为 $1P_1$；II 类副数目为 P_2，则其提供的约束为 $2P_2$ 个；III 类副的数目为 P_3，则其提供的约束为 $3P_3$；IV 类副的数目为 P_4，则其提供的约束为 $4P_4$；V 类副的数目为 P_5，则其提供的约束为 $5P_5$。空间机构的自由度为：

$$F = 6n - (1P_1 + 2P_2 + 3P_3 + 4P_4 + 5P_5) = 6n - \sum iP_i$$

式中，i 表示第 i 类运动副提供的约束数目；P_i 表示第 i 类运动副的数目。

若将其中一个构件固定为机架，则活动构件的数量变为 $n-1$，那么此时机构自由度总数为 $6(n-1)$。

如图 2-18a 所示 3R 串联机构中，活动构件 $n=3$，3 个 V 类副（均为转动副），计算得：

$$F = 6n - \sum iP_i = 6 \times 3 - 5 \times 3 = 3$$

如图 2-18 所示 3RPS 空间机构中，活动构件 $n=7$，六个 V 类副，其中三个移动副，三个转动副；三个 III 类副（球面副）。S 副与 P 副之间有三个局部自由度（冗余自由度），则：

$$F = 6n - \sum iP_i = 6 \times 7 - (3 \times 5 + 3 \times 5 + 3 \times 3) = 3$$

2.4　机械零件设计概述

2.4.1　失效与设计准则

机械零件设计需要在满足机器预期使用功能的前提下，满足工作性能、效率、成本、可靠性、使用寿命等多个方面的要求，要合理选择零件的材料，确定零件的结构、形状和尺寸，并使其具有良好的工艺性。

1. 失效

机械零件由于某种原因不能正常工作时，称为失效。"破坏"是失效的一种具体表现，但并非所有失效都会以"破坏"的形式呈现。零件失效的形式有多种，包括断裂、塑性变形、过大弹性变形、表面过度磨损、强烈振动、连接松弛和摩擦打滑等。零件失效是机械设计需要考虑的重要问题，为确保机械正常运行，要了解不同种类零件可能的失效形式及其影响因素。常见零件失效形式见表2-6。

表2-6　常见零件失效形式

失效形式	形成及影响	主要原因及举例
磨损失效	磨损是零件在长期使用过程中，表面材料逐渐损失的现象。磨损可能导致零件尺寸变化、性能下降，甚至失效	零件材料润滑不良、耐磨性不够等。例如，齿轮的齿面磨损、滚动轴承中滚动体的磨损
疲劳失效	零件在交变应力作用下，经过一定次数的循环加载和卸载，局部产生损伤，最终导致整个零件失效	零件材料韧性不足、应力集中以及加载频率过高。例如，大型转轴和压缩机活塞杆的疲劳断裂
腐蚀失效	零件在腐蚀环境下，化学反应导致材料损耗而失效	零件材料耐腐蚀性差、防护措施不当以及使用环境恶劣。例如，海洋环境下钢结构的腐蚀
变形失效	零件在受力过程中，材料塑性变形或弹性变形超过极限值，导致零件失效	零件材料塑性极限低、强度不足以及零件设计不合理。例如，齿轮轮齿和螺栓的塑性变形
断裂失效	零件在受力过程中，由于材料脆性断裂或疲劳断裂而失效	零件材料韧性差、应力过高以及零件设计不合理。例如，转轴和螺栓的断裂

了解零件失效的形式及原因，有助于采取针对性的措施预防失效，确保设备的可靠运行。在实际工程应用中，应根据具体情况选择合适的材料、设计合理的零件以及采取有效的保养措施，降低失效风险。机械零件设计的一般流程如图2-19所示。

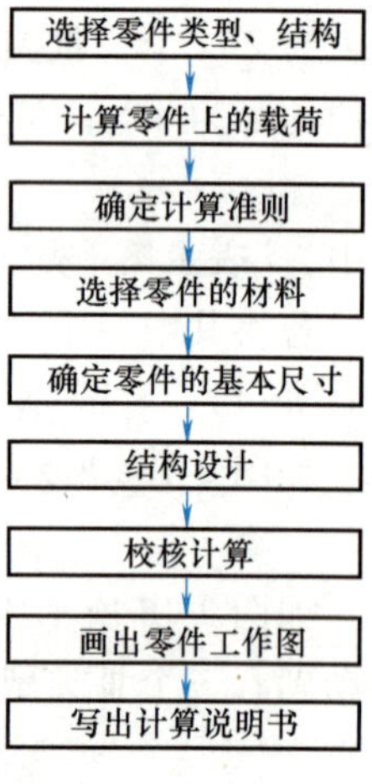

2. 设计准则

机械零件的失效形式多样，针对这些不同的问题，需要采用相应的工作能力判定标准。例如，当强度为主要问题时，应根据强度条件进行判定，即应力小于或等于许用应力；当刚度为主要问题时，应根据刚度条件进行判定，即变形量小于或等于许用变形量。这些判定标准是为了防止失效而设定的，通常称为工作能力计算准则也称为设计准则。设计准则主要包括强度准则、刚度准则、寿命准则、振动稳定性准则和可靠性准则等。

1）强度准则是指零件中的应力不得超过许用强度，确保零件不发生断裂破坏或过大的塑性变形，是最基本的设计准则，一般可表示为 $\sigma \le [\sigma]$。

2）刚度准则是指零件在载荷作用下产生的弹性变形量小于等于机器工作性能所允许的极限值，确保零件不发生过大的弹性变形，一般可表示为 $y \le [y]$。

3）寿命准则。寿命通常与零件的疲劳、磨损、腐蚀相关，各自发展过程的规律不同，尚无通用的计算方法，需要根据实际情况进行分析。

4）振动稳定性是指零件在周期性外力强迫振动情况下不产生共振从而不会造成破坏的

选择零件类型、结构

↓

计算零件上的载荷

↓

确定计算准则

↓

选择零件的材料

↓

确定零件的基本尺寸

↓

结构设计

↓

校核计算

↓

画出零件工作图

↓

写出计算说明书

图2-19　机械零件设计的一般流程

能力，要求其固有频率 f 远离受迫振动频率 f_p，一般取 $0.85f > f_p$ 或 $1.15f < f_p$。高速运转机械的设计应注重此项准则。

5）可靠性准则是指机械产品在规定条件下和规定时间内完成规定功能的概率，用可靠度 R 来表示。设计时要求零件可靠度大于等于许用可靠度，即 $R \geqslant [R]$。

当计及随机因素影响时，仍应确保上述各项准则。

在机械零件设计过程中，通常依据一种或多种可能的主要失效形式，结合相应的设计准则，来确定零件的形状和主要尺寸。各种零件的失效类型及其设计准则有差异，具体的计算步骤可参考《机械设计》教科书进行详细计算，或参阅《机械设计手册》及相应的国家标准。在大多数机器设备中，部分关键零件的形状和尺寸是通过计算得出的，而其余零件则主要依据工艺规范和结构需求来设计。

2.4.2　常用零件材料及选择

1. 常用零件材料

（1）金属　组成机器的零件多种多样，零件最常用的金属材料是黑色金属（铁、锰、铬及其合金），如碳素钢和铸铁，其次是有色金属（即除黑色金属以外的金属及其合金）合金。

1）钢。钢的强度较高且塑性良好，其加工方法多样，包括轧制、锻造、冲压、焊接和铸造，能够生产各类机械零件。同时，通过热处理和表面处理技术，可进一步提升其力学性能，因此应用极为广泛。

钢的类型繁多，依据用途可分为结构钢、工具钢和特殊用途钢。结构钢适用于机械零件和各类工程结构的加工；工具钢则用于制造刀具、模具等；而特殊用途钢则针对特定工况条件设计。按化学成分划分，钢可分为碳素钢和合金钢。碳素钢的性能主要受碳含量影响，碳含量增加会提升强度但降低塑性。碳含量低于0.25%的碳素钢称为低碳钢，低碳钢的强度和屈服极限较低，但塑性和焊接性优异，常用于制作螺钉、螺母等零件。低碳钢零件可通过渗碳淬火工艺满足表面硬化与芯部韧性要求，适用于制造齿轮、链轮等耐磨耐冲击零件。碳含量为0.3%~0.5%的碳素钢称为中碳钢，中碳钢的综合力学性能优良，适用于制造受力较大的螺栓、螺母等零件。碳含量为0.55%~0.7%的碳素钢称为高碳钢，高碳钢的强度和弹性俱佳，常用于制作板弹簧、螺旋弹簧等。为了改善钢的性能，在碳钢的基础上加入一些合金元素，这样的钢称为合金钢。合金钢制成的零件一般都要经过热处理才能提高其机械性能，且价格较高，对应力集中较为敏感。

2）铸铁。常用的铸铁类型包括灰铸铁、球墨铸铁、可锻铸铁以及合金铸铁等。其中，灰铸铁与球墨铸铁因其脆性特性，无法进行碾压与锻造操作，且焊接难度较高，但其优异的易熔性和液态流动性使其能够铸造出结构复杂的零部件。灰铸铁具有的较好的抗压强度、耐磨性、减振性能，对应力集中现象敏感度低，且成本相对低廉，故常被用作机架或机座的制造材料。球墨铸铁在强度上优于灰铸铁，并具备一定的塑性，使其能够作为铸钢和锻钢的替代品，可以用作曲轴、凸轮轴、阀体等部件。

3）有色金属。有色金属一般具有减摩性能、耐腐蚀特性、抗磁性质及优良的导电性，价格一般比黑色金属更贵。铜合金、轴承合金以及铝合金，均得到广泛应用。

（2）非金属　在机械制造领域，很多零部件会用到非金属材料，包括塑料、橡胶、陶瓷、木料、毛毡、皮革以及棉丝等。

1）橡胶。橡胶具备出色的缓冲、减振、耐热以及绝缘等性能，在多个领域得到广泛应用。例如，橡胶常被用来制造联轴器和减振器中的弹性装置，起到缓冲和减振的作用。

2）塑料。塑料作为高分子材料，应用范围极为广泛，可塑造出结构复杂的零部件，具有独特的性能，如耐腐蚀性、低摩擦耐磨性、优良的绝热性以及抗振性能。

常用的塑料有聚氯乙烯、聚烯烃、聚苯乙烯、酚醛树脂等，工程塑料领域包括聚四氟乙烯、聚酰胺、聚碳酸酯、ABS、尼龙等。塑料可用于齿轮、蜗轮、滚动轴承的保持架以及滑动轴承的轴承衬等部件。

3）陶瓷。陶瓷材料被视为理想的高温材料，同时陶瓷不仅硬度高，还具备摩擦因数低、耐磨、耐化学腐蚀、密度小以及线膨胀系数小等诸多优良特性。因此，陶瓷材料在高温、中温、低温环境以及精密机械零件加工领域均展现出广泛的应用潜力。

4）复合材料。复合材料是指将两种或两种以上性质各异的材料组合形成的多相复合的新型材料，能在保留其组成材料各自原有的部分优越性能的基础上，展现出新特性，在光、热、电、阻尼、润滑、生物等领域具有广泛的应用价值。

2. 机械零件材料的选用原则

在材料选择的过程中，设计者需全面考虑零件的用途、工作条件以及材料的物理、化学、力学和工艺性能等因素，同时兼顾经济因素。

（1）载荷特性与应力分布

1）载荷性质与大小。针对承受拉伸载荷为主的部件，优先选用钢材；而针对承受压缩载荷的部件，铸铁则更为适宜。

2）应力特性与分布。脆性材料原则上仅适用于静载荷环境，以避免在冲击载荷下发生断裂。相反，承受冲击载荷的部件应选用塑性材料，以增强其抗冲击性能。

（2）工作环境与条件

1）腐蚀介质环境。在含有腐蚀性介质的工作环境中，必须选用耐腐蚀材料，以确保部件的长期稳定运行。

2）高温工作环境。对于在高温条件下工作的部件，应选择耐热性能优良的材料，防止因材料热失效而导致部件功能丧失。

3）湿热工作环境。在湿热环境中，部件易发生锈蚀，因此应选用防锈能力强的材料，如不锈钢、铜合金等，以保障部件的完整性和使用寿命。

4）磨损问题。对于易磨损部位，需通过提高表面硬度来增强其耐磨性。这通常要求选择适合进行表面处理的材料，如淬火钢、渗碳钢及氮化钢等，以充分利用热处理和表面强化手段来提升材料的性能。

2.4.3　机械零件的加工

零件结构工艺性是指这种结构的零件被加工制造的难易程度，与零件的生产批量及具体生产条件相关。设计机械零件时，不仅应使它满足使用要求，还应当满足生产要求，考虑采用何种加工工艺，加工工艺是否经济，是否具有良好的工艺性。

机械产品的生产过程是将原材料转变为成品的全过程，包括生产技术准备、毛坯制造、机械加工、热处理、装配、测试检验以及涂装等过程，还包括工艺装备的制造、原材料的供应、工件的运输和存储、设备的维修及动力供应等。

1. 零件加工工艺的基本要求

1）选择合理的毛坯，例如，直接利用型材或采用铸造、锻造、冲压和焊接等方法。毛坯的选择与具体的生产技术条件有关，一般取决于生产批量、材料性能和加工可能性等。

2）设计零件的结构形状时，加工表面的几何形状应尽量简单、合理，同时还应当尽量使加工表面数目最少和加工面积最小。

3）零件的加工精度、表面粗糙度值选择应合理，在满足使用要求的情况下，尽量选用较低的精度，节约加工成本。

4）便于安装、定位准确、夹紧可靠、便于加工、易于测量。

5）提高标准化程度。

2. 零件加工方法

根据零件材料、形状和结构特点，零件加工制造有多种方法。非金属材料种类繁多，加工方法各异，本书不做介绍，下面主要介绍常见的金属零件加工方法。

（1）铸造　指将熔融态金属浇入铸型，冷却凝固成为具有一定形状铸件的工艺方法，广泛应用于汽车、航空、航天、建筑、机械等领域。

（2）塑性成型　指在外力的作用下，金属材料通过塑性变形，获得具有一定形状、尺寸和力学性能的零件或毛坯的加工方法。塑性加工可分为锻造、轧制、挤压、拔制、冲压五种。

（3）切削加工　指利用切削刀具在切削机床上（或用手工）将金属工件多余的加工量切去，以达到规定的形状、尺寸和表面质量的工艺过程。主要切削加工方法有车削、钻削、镗削、刨削、拉削、铣削和磨削等。

（4）焊接加工　指利用金属材料在高温作用下易熔化的特性，使金属与金属发生相互连接的一种工艺，是金属加工的一种辅助手段。

（5）粉末冶金　指以金属或用金属粉末（或金属粉末与非金属粉末的混合物）作为原料，经过成形和烧结，制成金属材料、复合材料以及各种类型制品的工艺技术。

（6）增材制造　也称为快速原型制造或3D打印，是一种基于数字模型文件的技术。通过使用粉末状金属、塑料等可粘合材料，逐层打印出零件。3D打印技术能够生产出传统工艺难以完成的复杂结构零件，大大提高了制造的灵活性。例如，利用3D打印技术生产轻量化、高性能的飞机零部件，有效降低飞机质量。

3. 零件加工举例

齿轮是常见的传动零件，目前齿轮齿廓的加工方法很多，如铸造、模锻、冷轧热轧、切削加工等，但最常用的是切削加工方法。切削加工方法又可分为仿形法和展成法（范成法）两种。仿形法是利用与齿廓曲线形状相同的刀具，将轮坯的齿槽部分切去而形成轮齿。通常用圆盘铣刀或指状铣刀在万能铣床上铣削加工。展成法（范成法）利用的是一对齿轮（或齿轮与齿条）在啮合过程中，其共轭齿廓曲线互为包络线的原理，属于展成法加工的有插齿、滚齿、磨齿、剃齿等，其中磨齿和剃齿是精加工。

图2-20a所示为用插齿刀加工齿轮的情形。插齿刀相当于一个具有刀刃的齿轮，插齿加工时，插齿刀与轮坯按一对齿轮的传动比作展成运动，同时，插齿刀沿轮坯轴线作上下的切削运动，这种插齿刀刃相对于轮坯的各个位置所组成的包络线，即被加工齿轮的齿廓，如图2-20b所示。

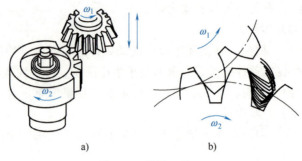

图 2-20　插齿刀加工

2.4.4　精度设计

完成机械零件结构尺寸设计后，确定的尺寸称为公称尺寸（或基本尺寸）。在规模化生产中，为确保零件高效便捷装配，以及机器使用过程中易损件的更换，零件需具备互换性。互换性是零件在装配时，不需要选择和附加加工的就能满足预期技术与使用要求的特性。为实现零件的互换性，需要确保零部件的尺寸、几何形状、相对位置以及表面粗糙度具有一致性。

机械加工获得的零件尺寸，相对于公称尺寸而言，不可能做到绝对精确，总是有一定的误差，但必须保证实际加工尺寸介于两个允许的极限尺寸之间，这样才能保证零件的互换性，零件才是合格的，这两个极限尺寸之差称为尺寸公差如图 2-21所示，轴的实际尺寸 d 需要保证在下极限尺寸 d_{min}

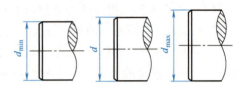

图 2-21　轴的尺寸公差示意图

和上极限尺寸 d_{max} 之间。上极限和下极限尺寸可由基本偏差和公差等级查表获得。国家标准规定，孔与轴的公差带位置各有 28 个，分别用大写和小写拉丁字母表示；公差等级分为20 个等级，用阿拉伯数字表示。例如，某孔的公差表示为 H7，某轴的公差表示为 m6，那么孔轴配合公差可表示为 H7/m6。在孔、轴基本偏差确定的基础上，根据孔、轴的公差等级查表确定标准公差数值，再根据公差与极限偏差之间的关系，计算另一极限偏差。

机械加工后零件的实际几何要素相对于理想要素也总有误差，同样需要保证允许变化的范围，所以还需要满足几何公差（形位公差）。几何公差是指实际被测要素对图样上给定的理想形状、理想方向和位置的允许变动量，其特征项目分为形状公差、方向公差、位置公差和跳动公差四大类，共有 19 个，如图 2-22 所示。

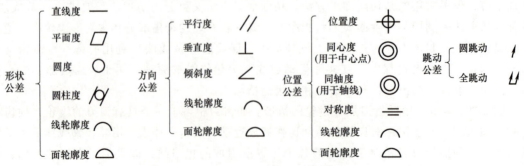

图 2-22　几何公差特征项目表示

此外，零件表面的微观几何形状误差称为表面粗糙度。表面粗糙度的常用评定参数之一是轮廓算术平均偏差 Ra。常见机械加工方法可获得的零件表面粗糙度 Ra 见表 2-7。

表 2-7 常见机械加工方法可获得的零件表面粗糙度 Ra

加工方法	表面粗糙度 Ra 值/μm													
	0.012	0.025	0.05	0.10	0.20	0.40	0.80	1.60	3.20	6.30	12.5	25	50	100
刨							←		精		→	粗	→	
钻孔							←					→		
铰孔				←			→							
镗孔						←	精	→		←			粗	→
滚、铣						←	精	→	←	粗	→			
车						←	精	→		←			粗	→
磨	←			精		→	←	粗	→					
研磨	←	精	→		←	粗	→							

在零件精度设计中，要求的公差等级和表面粗糙度等级越高，相应的加工和检测成本也随之增加。所以机械零件精度等级的选用原则是在满足使用要求的前提下，尽量采用低的公差等级。根据设计精度需要，零件图中的尺寸公差、几何公差和表面粗糙度等需按照规定的标准符号标注，图 2-23 所示为某齿轮零件图的局部。

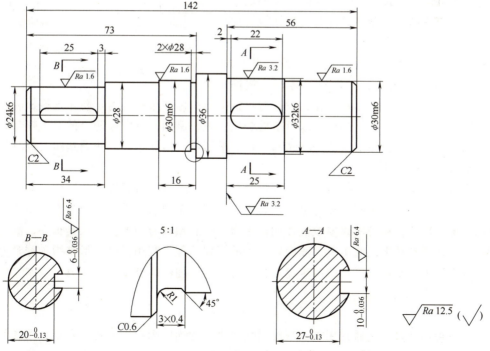

图 2-23 某齿轮零件图的局部

2.4.5　零件组装与连接方法

机器是由零件组装而成的，需要用到各种装配和连接方法，这直接影响到机器的整体性能和稳定性。根据公差带的相对位置，配合方式主要分为三大类：间隙配合、过渡配合和过盈配合。在间隙配合中，孔的尺寸大于轴，适用于需要相对运动的连接；过盈配合则是孔的尺寸小于轴，适用于需要固定连接的场合；过渡配合可能具有间隙，也可能具有过盈，适用于需要良好同轴性且便于装拆的静态连接。如孔轴配合公差 H7/r6 为过盈配合，拆装时可借助压力机进行。

连接方法种类繁多。常见的机械连接方式有螺纹连接、键连接、销连接等；焊接连接是通过加热或压力使零件连接在一起，具有连接强度高、密封性能好等特点；胶接是通过黏接剂将零件连接在一起，操作简便。铆接通过铆钉将零件连接在一起，具有连接强度高、稳定性好等特点；法兰连接是通过法兰盘将零件连接在一起，适用于各种管道、容器和设备之间的连接。

1. 螺纹连接

螺纹连接和螺旋传动都是利用螺纹零件工作的，常用螺纹类型很多，例如，用于紧固的粗牙普通螺纹、细牙普通螺纹、圆柱管螺纹、圆锥管螺纹和圆锥螺纹；用于传动的矩形螺纹、梯形螺纹、锯齿形螺纹。在螺栓连接中，有普通螺栓连接与铰制孔用螺栓连接之分。图 2-24a 所示为普通螺栓连接，其结构特点是连接件上通孔和螺栓杆间留有间隙，图 2-24b 所示为铰制孔用螺栓连接，其孔和螺栓杆间采用过渡配合。此外，还有吊环螺钉连接、T 形槽螺栓连接和地脚螺栓连接等特殊结构类型，设计时可根据需要加以选用。

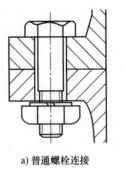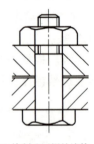

a) 普通螺栓连接　　　　b) 铰制孔用螺栓连接

图 2-24　螺栓连接

螺纹连接离不开连接件，连接件种类很多，常见的有螺栓、双头螺柱、螺钉、螺母、垫圈等，其结构形式和尺寸都已标准化，设计时可根据有关标准选用。为了防止连接松脱以保证连接可靠，设计螺纹连接时必须采取有效的防松措施，例如，靠摩擦防松的对顶螺母、自锁螺母、弹簧垫圈；靠机械防松的开口销与六角开槽螺母、串联钢丝、止动垫圈，以及特殊的冲点、端铆等防松方法。

大多数螺纹连接在装配时都必须预先拧紧，以增强连接的可靠性和紧密性。对于重要的连接，如缸盖螺栓连接，既需要足够的预紧力，但又不希望出现因预紧力过大而使螺栓过载拉断的情况，因此，在装配时要设法控制预紧力。控制预紧力的方法和工具很多，测力矩扳手和定力矩扳手都是常用的工具。测力矩扳手的工作原理是利用弹性变形来指示拧紧力矩的大小；定力矩扳手则利用了过载时卡盘与柱销打滑的原理，调整弹簧的压力来控制拧紧力矩的大小。

2. 键、花键和销

键是一种标准零件，通常用于实现轴与轮毂之间的周向固定，并传递转矩，主要类型有普通平键、导向平键、滑键、半圆键、楔键和切向键。在这些键连接件中，普通平键应用最为广泛。

图 2-25 所示为普通平键连接的结构形式。键的两侧面是工作面，工作时，靠键同键槽侧面的挤压来传递转矩。键的上表面和轮毂的键槽底面间则留有间隙。平键连接具有结构简单、装拆方便、对中性较好等优点，因而得到广泛应用。这种键连接不能承受轴向力，因而对轴上的零件不能起到轴向固定的作用。

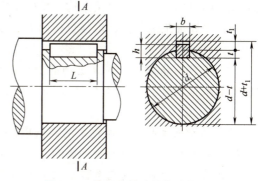

图 2-25　普通平键连接的结构形式

花键连接由外花键和内花键组成。花键连接按其齿形不同，分为矩形花键、渐开线花键和三角形花键，都已标准化。矩形花键连接的花键轴与花键孔间有小径定心、大径定心和键侧定心三种定心方式。花键连接虽然可以看作是平键连接在数目上的发展，但由于其结构与制造工艺不同，所以在强度、工艺和使用上表现出新的特点。

花键连接是通过花键孔和花键轴作为连接件来传递转矩和轴向移动的，由于键数目的增加，键与轴连接成一体，轴和轮毂上承受的载荷分布比较均匀，因而可以传递较大的转矩，具有定心精度高、导向性能好、承载能力强、连接强度高等优点。花键可用作固定连接，也可用作滑动连接。图 2-26 所示为花键连接的结构形式。

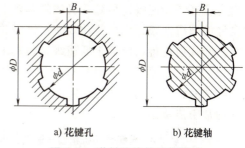

a) 花键孔　　　　b) 花键轴

图 2-26　花键连接的结构形式

销主要用来固定零件之间的相对位置，也可用于轴与毂的连接或其他零件的连接，并可传递不大的载荷。还可以作为安全装置中的过载剪断元件，称之为安全销。销可分为圆柱销、圆锥销、槽销、开口销等。

3. 铆接、焊接、胶接

铆接是一种简单的机械连接，主要由铆钉和被连接件组成。典型的铆缝结构形式为搭接缝、单盖板对接缝和双盖板对接缝。铆接具有工艺设备简单、抗振、耐冲击和牢固可靠等优点，但结构一般较为笨重，铆件上的钉孔会削弱强度，铆接时一般噪声很大。因此，目前只有在桥梁、建筑、造船等工业部门仍常采用，其他部门已逐渐被焊接、胶接所代替。

焊接的方法很多，如电焊、气焊和电渣焊，其中尤以电焊应用最广。电焊时形成的接缝称为焊缝。按焊缝特点，焊接有正接角焊、搭接角焊、对接焊、塞焊和边缘焊等基本形式。

胶接是利用黏接剂在一定条件下把预制元件连接在一起，并具有一定的连接强度。采用胶接时，要正确选择黏接剂和设计胶接接头的结构形式。

2.5　机械传动

机械传动的设计一般应遵循以下原则。

（1）传动链尽量短　在设计机械系统运动方案时，应优先考虑使用构件数量及运动副数量较少的机构，以简化机械结构，减轻质量，降低制造成本。这样有助于减少零件制造误差累积，提高加工工艺性，增强机构的可靠性。简化的运动链有利于提升机构刚度，减少振动产生。

（2）结构尽量紧凑　在满足功能要求的前提下，应优先选择结构简单、设计便捷、技术成熟的基本机构。若基本机构无法充分满足机械运动或动力需求，可适当进行变异或组合。

（3）传动效率高　机械效率的高低取决于其内部各机构的效率。因此，包含效率较低机构的机械，其总效率也会受到影响。设计时应特别关注传递功率较大的主运动链，确保其具有较高效率，而对传递功率较小的辅助运动链，则可将效率问题置于次要位置，机械的尺寸和质量会因所选机构类型的不同而有显著差异。

（4）传动顺序合理　在安排不同类型传动机构的顺序时，通常带传动应布置于高速级，因其承载能力较低，但结构尺寸较大，能提供平稳的传动、缓冲减振，并具备过载保护功能，防止后续传动机构受损；链传动应布置于中低速级，因其冲击振动较大，运转不平稳，不宜用于高速级；斜齿轮传动适合高速级，因其传动平稳、结构紧凑、承载力高；蜗轮蜗杆机构也应置于高速级，尽管其机械效率较低，但可减小蜗轮尺寸，节约材料，并在高速下形成良好的润滑油膜，提高传动效率；锥齿轮传动同样应布置于高速级，以限制模数和直径的大小；开式齿轮传动应置于低速级，因其工作环境较差，润滑困难，磨损严重。

（5）传动比适宜　传动比的合理分配应考虑各级传动机构，确保每一级传动比在常用范围内选取，以达到整体运动链的优化。常见传动机构圆周速度、单级减速比和传递的最大功率的常用值范围见表 2-8。

表 2-8　常见传动机构圆周速度、单级减速比和传递的最大功率的常用值范围

传动机构种类	平带	V 带	同步带	摩擦轮	齿轮	蜗杆	链
圆周速度/(m·s)	5~25(30)	5~30	≤50	≤15~25	≤15~120	≤15~35	≤15~40
减速比	≤5	≤8~15	≤10	≤7~10	≤4~8(20)	≤80	≤6~10
最大功率/kW	2000	750~1200	500	150~250	50000	550	3750

2.5.1　带传动

带传动是一种常见的机械传动，有平带传动、V 带传动和同步带传动等类型。如图 2-27 所示，带传动主要由主动轮、从动轮和环形带组成。

平带的横截面为矩形。工作时，需要将平带张紧在带轮上，靠带与带轮之间的摩擦力传递运动和动力。

V 带的横截面呈等腰梯形，带轮上也做出相应的轮槽。传动时，V 带只和轮槽的两个侧面接触，即以两侧面为工作面。根据槽面摩擦原理，

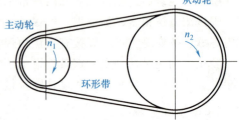

图 2-27　带传动的组成

同样需要张紧力，V 带传动较平带传动能产生更大的摩擦力，这是 V 带传动性能上最主要的优点。再加上 V 带传动允许的传动比较大，结构较紧凑，以及 V 带多已标准化并大量生

产等优点，因而 V 带传动的应用比平带传动广泛得多。根据 V 带截面尺寸大小可以将其分为多种型号。在传动中心距不能调整的场合，可以使用接头 V 带。此外，还有一种楔形带，它兼有平带和 V 带的优点，主要用于传递功率较大而结构要求紧凑的场合。带传动的形式如图 2-28 所示。

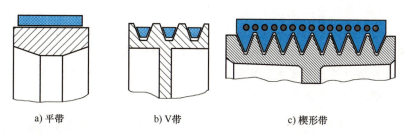

a) 平带　　　　　　　b) V带　　　　　　　c) 楔形带

图 2-28　带传动的形式

同步带传动是一种新型带传动，其特点是带的工作面带齿，相应的带轮也制作成齿形。工作时，带的凸齿与带轮外缘上的齿槽进行啮合传动。同步带传动的突出优点是无滑动，带与带轮同步传动，能保证固定的传动比。其主要缺点是安装时中心距要求严格，且价格较高。

2.5.2　链传动

链传动也是应用较广泛的一种机械传动，主要用在要求工作可靠，且两轴相距较远以及其他不宜采用齿轮传动的场合。在一般机械传动中，常用的是传动链，它有套筒滚子链、齿形链等类型。套筒滚子链简称滚子链，自行车上用的链条就是这种。滚子链主要由滚子、套筒、销轴、内链板和外链板组成，有单排链、双排链或多排链之分，多排链传递的功率较单排链大。当链节数为偶数时，链条接头处可用开口销或弹簧卡片来固定；当链节数为奇数时，需采用过渡链节来连接链条。

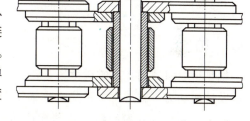

图 2-29　链传动的形式

链轮有整体式、孔板式、齿圈焊接式和齿圈用螺栓连接等结构形式，设计时根据链轮直径大小选择。滚子链轮的齿形已标准化，可用标准刀具进行加工。由于链是由刚性链节通过销轴铰接而成的，当链绕在链轮上时，其链节与相应的轮齿啮合后，这一段链条将曲折成正多边形的一部分，使链的传动比发生变化，链传动瞬时传动比不断变化的特性，称作运动的不均匀性，又称为链传动的多边形效应。链传动的这一特性，使得它不宜用在速度过高的场合。链传动的形式如图 2-29 所示。

2.5.3　齿轮传动

齿轮传动是机械传动中最主要的一类传动，形式很多，应用广泛，如图 2-30 所示。常用的有直齿圆柱齿轮传动、人字齿圆柱齿轮传动、斜齿圆柱齿轮传动、齿轮齿条传动、直齿圆锥齿轮传动和曲齿圆锥齿传动。

齿轮传动的失效主要是轮齿的失效，轮齿常见的失效形式有轮齿折断、齿面磨损、齿面胶合、齿面点蚀和塑性变形等。研究轮齿失效形式，主要是为了建立齿轮传动的设计准则。

目前设计一般的齿轮传动时，通常按保证齿根弯曲疲劳强度准则及保证齿面接触疲劳强度准则设计。

2.5.4 蜗杆传动

蜗杆传动是用来传递空间互相垂直交错的两轴间的运动和动力的传动机构（图2-31），具有传动平稳、传动比大且结构紧凑等优点。蜗杆传动的类型有普通圆柱蜗杆传动、环面蜗杆传动和锥蜗杆传动等，其中以普通圆柱蜗杆传动最为常见。

由于蜗杆螺旋部分的直径不大，所以常和轴做成一体。常用的蜗轮结构形式有整体浇注式、拼铸式、齿圈式和螺栓连接式等。

图2-30 齿轮传动

图2-31 蜗杆传动

2.6 典型零部件

2.6.1 轴

轴是组成机器的主要零件之一，一切回转运动的传动零件，都必须安装在轴上才能进行运动及传递动力。轴的常见种类有直轴、阶梯轴、空心轴、曲轴及钢丝软轴。直轴按承受载荷性质的不同，可分为心轴、转轴和传动轴。心轴只承受弯矩；转轴既承受弯矩又承受转矩；传动轴则主要承受转矩。设计轴的结构时，一方面要考虑轴上零件的定位，另一方面要合理确定轴的外形和结构尺寸。

2.6.2 轴承

1. 滑动轴承

滑动摩擦轴承简称滑动轴承，用来支撑转动零件。按其所能承受的载荷方向不同，有向心滑动轴承与推力滑动轴承之分。在滑动轴承中，轴瓦是直接与轴颈接触的零件，是轴承的重要组成部分，常用的轴瓦可分为整体式和剖分式两种结构。为了把润滑油导入整个摩擦表面，轴瓦或轴颈上须开设油孔或油槽。油槽的形式一般有纵向槽、环形槽及螺旋槽等。

2. 滚动轴承

滚动轴承是现代机器中广泛应用的部件之一，如图2-32所示。滚动轴承由内圈、外圈、滚动体和保持架四部分组成。滚动体是形成滚动摩擦的基本元件，它可以制成球状或不同的滚子形状，相应地有球轴承和滚子轴承。滚动轴承按承受的外载荷不同，可以概括地分为向心轴承、推力轴承和向心推力轴承三大类。在各个大类中，又可做成不同结构、尺寸、精度等级，以便适应不同的技术要求。为了提高轴承旋转精度和增加轴承装置刚性，轴承可以预紧，即在安装时用某种方法在轴承中产生并保持一轴向力，以消除轴承侧向间隙。

2.6.3 联轴器

联轴器是用来连接两轴以传递运动和转矩的部件。联轴器种类很多，常见基本类型有刚性联轴器和挠性联轴器等，常用联轴器已标准化或规格化，设计时只需要参考手册，根据机器的工作特点及要求，结合联轴器的性能选定合适的类型。

图 2-32　滚动轴承
结构图

由于机器的工况各异，因而对联轴器提出了各种不同的要求，如传递转矩的大小、转速高低、扭转刚度变化情况、体积大小、缓冲吸振能力等，为了适应这些不同的要求，出现了很多类型的联轴器，同时新型产品还在不断涌现，也可以结合具体需要自行设计联轴器。

1. 刚性联轴器

常用的刚性联轴器有套筒联轴器、夹壳联轴器和凸缘联轴器等。

（1）套筒联轴器　如图 2-33 所示，套筒联轴器利用公用套筒与键或销等零件将两轴连接起来。这种联轴器结构简单，无缓冲和吸收振动的能力，径向尺寸小、制造成本低，但其装拆时需要轴向移动被连接件，不方便。这类联轴器适用于两轴间同轴度高、工作载荷不大且较平稳、径向尺寸小的场合。

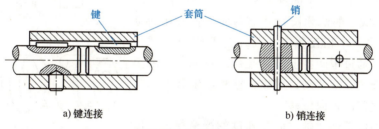

键　　套筒　　销

a) 键连接　　　　　　　　　　　b) 销连接

图 2-33　套筒联轴器

（2）夹壳联轴器　如图 2-34 所示，夹壳联轴器是将两个半夹壳用螺栓连接起来的一种联轴器。实质上，它是套筒联轴器的一种变形，是将套筒做成剖分式，将两个沿轴向剖分的夹壳，用螺栓夹紧来实现两轴连接，靠两个半联轴器表面间的摩擦力传递转矩，利用平键做辅助连接。

（3）凸缘联轴器　这是固定式联轴器中应用较广泛的一类。凸缘联轴器的两个半联轴器通过键与两边的轴分别相连，然后再用螺栓将两个半联轴器连成一体。当采用普通螺栓连接时，两个半联轴器的端部要分别做出凸缘和凹槽，两者配合，实现两轴的轴线对中，如图 2-35a 所示。这种情况下，可依靠两个半联轴器之间的摩擦来实现转矩的传递。凸缘联轴器还可以采用配合螺栓连接，如图 2-35b 所示。

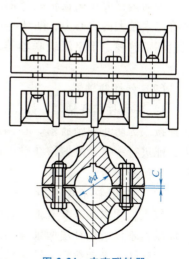

图 2-34　夹壳联轴器

这种情况下轴的对中直接靠螺栓保证，传递载荷也是靠螺栓光杆部分承受剪切与挤压来实现的。

凸缘联轴器具有结构简单、使用方便、能传递重载的优点，但凸缘联轴器不具有缓冲吸振作用，安装时必须严格对中。凸缘联轴器多用于被连接件刚性大、振动冲击小或低速重载的场合。

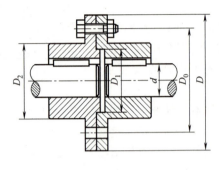
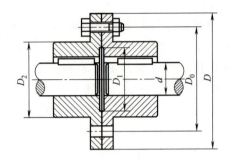

a) 用凸缘和凹槽对中　　　　　　　　　　b) 用配合螺栓连接对中

图 2-35　凸缘联轴器

2. 挠性联轴器

（1）刚性可移式联轴器　十字滑块联轴器是一种刚性可移式联轴器，如图 2-36 所示，左右两端各有一个带凹槽的半联轴器 1 和 2，中间配套有一个两面带凸牙的中间盘 3，中间盘上的凸牙设置在盘两面直径所在的位置上，且两面的凸牙相互垂直。凸牙与凹槽的宽度相等，表面光滑，通过中间盘上的油孔可维持润滑。由于凸牙可以在凹槽中灵活滑动，所以，这种联轴器可以很好地补偿两轴之间的径向位移。

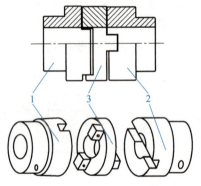

图 2-36　十字滑块联轴器
1、2—半联轴器　3—中间盘

这种联轴器能保证两轴之间角速度的严格相等，但在有径向偏移时中间盘轴线将偏离两轴轴线；高速运转时将产生较大的离心力，凸牙与凹槽之间的滑动摩擦损耗也不可忽视。十字滑块联轴器多用于低速、被连接轴的刚性较大且无法克服径向偏移的场合。

（2）弹性联轴器

1）弹性柱销联轴器。如图 2-37 所示，在两个半联轴器之间用尼龙等材料制成的柱销构成连接。为防止柱销脱落，在两端设有挡板。这种联轴器结构简单，有很好的缓冲吸振能力，能进行一定量的偏移补偿。这类联轴器多用于轴向窜动较严重、起动频繁、双向运转、转速较慢的场合。

2）弹性套柱销联轴器。如图 2-38 所示，这种联轴器与凸缘联轴器的结构相仿，只是螺栓孔较大，用以插入套有弹性套的柱销。这里的弹性套多用橡胶等柔性材料制成，所以，这种联轴器不仅可以补偿两轴线间的各类偏移，还能起到很好的缓冲作用。故这类联轴器多用于双向运转、起动频繁、转速较高、传递载荷不大的场合。

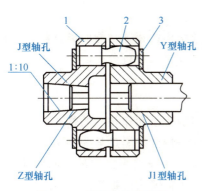

图 2-37 弹性柱销联轴器

1—半联轴器 2—柱销 3—挡板

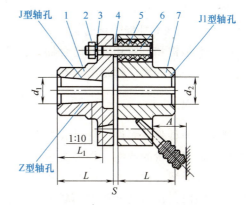

图 2-38 弹性套柱销联轴器

1、7—半联轴器 2—螺母 3—弹簧垫圈
4—挡圈 5—弹性套 6—柱销

联轴器的种类较多，依据工作特点合理选择联轴器的类型十分重要。联轴器的结构多数已经标准化或系列化，设计时可参考有关手册进行。一般是按所要连接的轴的直径或轴要传递的转矩，以及轴的转速状况等因素来选择联轴器的具体尺寸规格。对于一些重要场合和特殊情况下使用的联轴器，可以适当安排易损件强度方面的校核。

联轴器在安装过程中，应尽可能保证两联轴器的对中性。调节联轴器的位置，固定后，手动旋转联轴器，多角度观察或测量（如图 2-39 所示的联轴器相对位置）两联轴器之间的缝隙是否均匀。

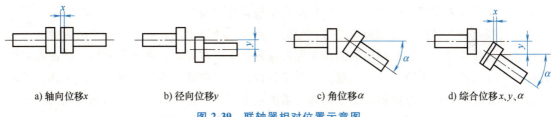

a) 轴向位移x   b) 径向位移y   c) 角位移α   d) 综合位移x、y、α

图 2-39 联轴器相对位置示意图

2.6.4 离合器

离合器也用来连接轴与轴以传递运动和转矩，能在机器运转中将传动系统随时分离或接合，分为牙嵌离合器、摩擦离合器和特殊结构与功能的离合器三大类型。

1. 牙嵌离合器

应用较广的牙嵌离合器有矩形牙离合器、锯齿牙离合器和尖梯形牙离合器等。离合器由两个半离合器组成，其中一个固定在主动轴上，另一个用导向键或花键与从动轴连接，并可通过操纵机构使其进行轴向移动，以实现离合器的分离与接合。这类离合器一般用于低速接合处。

2. 摩擦离合器

摩擦离合器包括单盘摩擦离合器、多盘摩擦离合器和圆锥摩擦离合器等。与牙嵌离合器相比，摩擦离合器在任何速度时都可离合，接合过程平稳，冲击振动较小，过载时可以打滑，但其外廓尺寸较大。

3. 特殊结构与功能的离合器

除一般结构和一般功能的离合器外，还有一些特殊结构或特殊功能的离合器。例如，只能传递单向转矩的滚柱超越离合器、闸块式离心离合器及过载自行分离的滚珠安全离合器。

2.6.5　弹簧

弹簧是一种弹性元件，它具有多次重复地随外载荷的大小而作相应的弹性变形，卸载后又能立即恢复原状的特性。很多机械正是利用弹簧的这一特性来满足某些特殊要求的。

除圆柱形螺旋弹簧外，还有其他类型的弹簧。例如，用作仪表机构的平面蜗卷形盘簧，只能承受轴向载荷但刚度很大的碟形弹簧及常用于各种车辆减振的板簧。

弹簧种类较多，但应用最多的是圆柱形螺旋弹簧。按照所承受的载荷分，弹簧可分为拉伸弹簧、压缩弹簧、扭转弹簧和弯曲弹簧四种基本类型。按照外形的不同，又可分为螺旋弹簧、环形弹簧、碟形弹簧、板簧和盘簧等。螺旋弹簧的端部结构直接影响弹簧的安装、受力状况及使用性能。

2.6.6　减速器

减速器指原动机与工作机之间独立的闭式传动装置，用来降低转速并相应地增大转矩。

减速器的种类很多，例如，单级圆柱齿轮减速器、双级展开式圆柱齿轮减速器、单级圆锥齿轮减速器、蜗杆减速器等。无论哪种减速器，都是由箱体、传动件和轴系零件以及附件组成的。箱体用于承受和固定轴承部件，并提供润滑密封条件，一般用铸铁铸造，必须有足够的刚度。剖分面与齿轮轴线所在平面相重合的箱体应用最广。

由于减速器在制造、装配及应用过程中的特点，减速器上还设置有一系列的附件，如用来检查箱内传动件啮合情况和注入润滑油用的窥视孔及窥视孔盖，用来检查箱内油面高度是否符合要求的油标，更换污油的油塞，平衡箱体内外气压的通气器，保证剖分式箱体轴承座孔加工及装配精度用的定位销，便于拆卸箱盖的起盖螺钉，便于拆装和搬运箱盖用的铸造吊耳或吊环螺钉，用于整台减速器起重用的耳钩以及润滑用的油杯等。

2.7　密封与润滑

在摩擦面间加入润滑剂进行润滑，有利于降低摩擦，减轻磨损，保护零件不遭锈蚀，而且在采用循环润滑时可起到散热降温的作用。常用的润滑装置有手工加油润滑用的压注油杯、旋套式注油杯、手动式滴油杯、油芯式油杯等，适用于使用润滑油分散润滑的机器。此外，还有直通式压注油杯和连续压注油杯等。

机器设备密封性能的好坏，是衡量设备质量的重要指标之一。机器常用的密封装置可分为接触式与非接触式两种，例如，毡圈密封、唇形密封件密封就属于接触式密封形式。接触式密封的特点是结构简单，价廉，但磨损较快，使用寿命短，适合速度较低的场合。非接触式密封适合速度较高的场合，迷宫密封槽密封和油沟密封槽密封就属于非接触式密封方式。密封装置中的密封件都已标准化或规格化，设计时可查阅有关标准选用。

2.8 摩擦与磨损

摩擦与磨损是机械运转过程中不可避免的现象，对力学性能、效率及使用寿命均会产生影响，设计者往往需要采取一定措施来减少摩擦与磨损。

通过在零件摩擦表面添加润滑油或润滑脂，可以形成一层保护膜，减少金属之间的直接接触，从而降低摩擦因数和磨损率。润滑剂不仅能减小摩擦，还能带走部分热量，防止机械部件因过热而损坏。也可以采用表面工程技术降低磨损，如镀层和热处理等方法。例如，氮化处理可以在金属表面形成一层坚硬的氮化物层，显著提高其耐磨性和抗疲劳性能。选择合适的材料也是控制摩擦和磨损的重要手段，例如，某些合金钢和陶瓷材料具有较高的硬度和耐磨性，适用于制造承受高负荷和高摩擦的部件；某些聚合物具有较好的减摩性能，可以用作动密封、人工关节等。也可以改进零件的形状和尺寸，降低摩擦力，例如，使用滚珠轴承的滚动摩擦来代替滑动轴承的滑动摩擦。

在机器中也可以利用摩擦进行传动或制动。例如，带传动（除同步带）中，传动带与带轮之间的摩擦力可以传递动力；汽车的制动系统中，制动盘和制动片之间的摩擦力能够将汽车的动能转化为热能，从而实现减速和停车。

2.9 机电一体化系统

机电一体化系统主要由三个子系统构成，如图 2-40 所示。传感检测子系统负责将广义执行机构子系统中的能量流、物料流以及信息流的物理信息传递至信息处理与控制子系统；信息处理与控制子系统负责处理这些信息，并向广义执行机构子系统发出相应的控制信号，以实现预定的运动和能量转换。

图 2-40 机电一体化系统的构成

在机电一体化系统中，信息处理及控制子系统是系统的"大脑"，由电子计算机、信息处理及控制软件、输入接口和输出接口等组成。电子计算机及其相关软件对输入信息进行处理，并通过输出信息以一定的控制策略对驱动元件进行控制，信息处理及控制子系统的基本构成如图 2-41 所示。

传感检测子系统在机电一体化系统中扮演着"感官"的角色，负责感知相关物理量的信息，并通过放大和转换将信息输入至电子计算机。它由传感器、信息放大器、信息变换器及输入、输出接口构成。传感检测子系统的基本构成如图 2-42 所示。

图 2-41 信息处理及控制子系统的基本构成

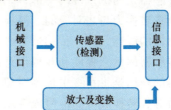

图 2-42 传感检测子系统的基本构成

2.10 液 压 系 统

利用液压技术可以完成机械系统的能量变换（机械能转换成液体压力能），实现物料搬移或物料形态变化以及实现信息传递和变换。液压系统可广泛地用于快速响应和大功率的机械系统。液压系统中所用的工作流体称作液压油。

1. 液压系统的主要优点

1）在相距甚远的元件之间容易传递较大的动力。
2）相同传递功率时液压系统的体积较小，质量也小。
3）一般情况下液压元件的扭矩、惯性比大，有利于快速响应并具有很大的输出。
4）冗余实现位置、速度、力等的控制，起动和停止可靠，过载时的安全装置简单。
5）液压元件一般很牢固，其耐冲击和耐振动能力也较强。
6）易于与电子装置等信息处理装置结合在一起。

2. 液压系统的主要缺点

1）液压系统需要有相当复杂的把机械能转换成液体压力能的各种液压泵。
2）必须对液压油污染进行管理和控制，并且液压油需要冷却。
3）高压油管有漏油现象。
4）在相距甚远的两处间传递动力（机械能转换成液体压力能）时，损失会增大，响应速度会下降。
5）液压元件一般结构复杂、制造精密，因此价格较高。

3. 液压系统的基本组成

从机械系统所实现的功能来看，液压系统的基本组成如下。
1）液压能变换装置：把机械能转换成液体压力能，具体来说是各种液压泵。
2）液压能利用装置：把液压能转换成机械能，具体来说是液压马达，液压缸等。
3）执行构件和执行机构：如齿轮系统、液压马达的连接杆等。
4）控制系统：包括液压控制阀、电液伺服阀、电磁阀等。

2.11 传 感 器

2.11.1 传感器概述

常把直接作用于被测量，并能按一定方式将其转换成同种或别种量值输出的器件，称为传感器。传感器是测试系统的一部分，其作用类似于人类的感觉器官。也可以把传感器理解为能将被测量转换为与之对应的、易检测、易传输或易处理信号的装置。直接用于测量的元件称为传感器的敏感元件。传感器是测量系统中的关键部件，是把被测的非电量变换成电量的装置。传感器的敏感程度和获得信息是否正确，将直接影响到整个测量系统的精度。

传感器的作用是将系统中控制对象的有关状态参数，如力、位移、速度、温度、气味、颜色、流量等，转换成可测信号或变换成相应的控制信号，为有效地控制机电一体化系统的动作提供信息。对传感器的主要评价指标有可靠性、灵敏度、分辨率和微型化等。

传感检测技术是机电一体化的关键技术。能否从被测对象上获取能反映被测对象特征状态的信号取决于传感器技术，而能否有效地利用这些信号所携带的丰富信息则取决于检测技术。在实际的机电一体化系统中，前者比后者更为重要。随着机电一体化技术的发展，传感器技术已成为使机电一体化设备或产品向柔性化、功能化和智能化方向发展的重要基础技术。就传感器的研究来说，为了满足信息检测和动态测试的要求，不仅要求传感器具有良好的静特性，还希望具有优异的动特性。为此，在机电一体化系统中，必须充分了解被测对象的状态、测试工艺及装配方法，并要考虑后续电路的原理和方案。

传感器按照工作原理分类一般可分为机械式、电阻应变式、电感式、电容式和光学式等；按照被测量分类，可分为位移传感器、加速度传感器、压力传感器、温度传感器、流量传感器、频率传感器等；按输出信号分类，可分为模拟式和数字式。下面主要介绍机械量电测中常用传感器的类型及其工作原理。

2.11.2 常用传感器

1. 霍尔传感器

霍尔传感器是根据霍尔效应制作的一种磁场传感器。霍尔效应是一种磁电效应，利用霍尔效应制成的各种霍尔元件，广泛地应用于工业自动化技术、检测技术及信息处理等方面。霍尔传感器具有许多优点：结构牢固，体积小，质量轻，使用寿命长，安装方便，功耗小，频率高（可达1MHz），耐振动，不怕灰尘、油污、水汽及烟雾等的污染或腐蚀。

按被检测对象的性质霍尔传感器可分为直接应用和间接应用。前者是直接检测出受检测对象本身的磁场或磁特性，后者是检测受检测对象上人为设置的磁场，用这个磁场来做被检测信息的载体，通过它将许多非电、非磁的物理量，转变成电量来进行检测和控制。

2. 电阻应变式传感器

电阻应变式传感器是利用电阻应变效应，即金属电阻随机械变形（伸长或缩短），其电阻值发生变化这种现象制成的传感器。通常把电阻丝绕成栅状并制成应变片（见图2-43），通过黏合剂粘贴到被测件表面，随被测件变形，应变片敏感栅的电阻发生变化，产生正比于被测力的电压或电流信号，测定其电压或电流的变化值就可确定力的大小。这是目前应用很广的测力方法。

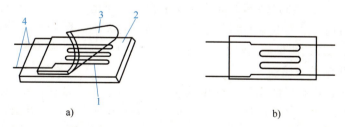

a)   b)

图2-43 电阻丝应变片的结构示意图
1—直径为0.025mm左右的高电阻率的合金电阻丝　2—基片　3—覆盖层　4—引线

3. 电容式位移传感器

将机械位移量转换为电容量变化的传感器称为电容式位移传感器。变极距式电容传感器由两个平行极板组成（见图2-44），当极距δ有微小变化时，将引起电容量的变化。因此，只要测出电容变化量，便可测得极板间距的变化量，即动极板的位移量。由于这种传感器的电容量与极板间距离的变化关系是非线性的，在实际应用中，为了提高传感器的线性度和灵敏度，常常采用差动式，即电容传感器有三个极板，其中两端的两个极板固定不动，中间极板可以移动。

4. 变面积式电容传感器

变面积式电容传感器由两个电极板构成（见图2-45），其中1为定极板，2为动极板，两极板均呈半圆形。变面积式电容传感器常用的有角位移型与线位移型两种。当动极板绕轴转动一个角度时，两极板的重合面积发生变化，传感器的电容量也发生相应变化。如果把这种电容量的变化通过谐振回路或其他方法检测出来，就可实现角位移转换为电量的电测变换。线位移型电容传感器的动极板是直线移动的，同样当两极板的重合面积发生变化时，传感器的电容量也发生相应的变化。

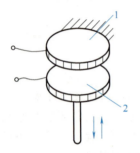

图 2-44 变极距式电容传感器

1—定极板 2—动极板

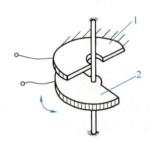

图 2-45 变面积式电容传感器

1—定极板 2—动极板

5. 电感式位移传感器

电感式位移传感器是利用电磁感应原理，把被测的位移量转换为电感量变化的一种传感器，按照转换原理不同，可分为自感式和互感式两大类。其中变隙式电感位移传感器为自感式，由线圈、衔铁、铁心等部分组成（见图2-46），在铁心与衔铁间有一气隙 δ。衔铁随被测物体产生位移时，会引起磁路变化，而作为传感器线圈的励磁电源，在传感器线圈的电感量发生变化时，流过线圈的电流也发生相应的变化，在实际应用中，可以通过测电流的幅值来测量位移量的大小。变隙式电感位移传感器的测量范围较小，一般在 $0.001 \sim 1 \mathrm{mm}$。

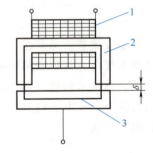

图 2-46 变隙式电感位移传感器

1—线圈 2—铁心 3—衔铁

6. 反射式光电转速传感器

反射式光电转速传感器由光源、聚焦透镜及膜片等组成，如图2-47所示。膜片既能使红外光射向转动的物体，又能使从转动物体反射回来的红外光穿过膜片射向光电元件。测量转速时，在被测物体上贴一小块红外反射纸，这种反射纸是一种涂有玻璃微珠的反射膜，具有定向反射作用。当被测物体旋转时，红外接收管内接收到反射光的强弱变化而产生相应变化的电信号，该信号经电路处理、计数和计算，得到被测物体的转速。

7. 光学码盘式传感器

光学码盘式传感器是用光电方法把被测角位移转换成以数字代码形式表示的电信号的转换部件。如图2-48所示，由光源1发出的光线经柱面镜2变成一束平行光或会聚光，照射到码盘 3 上，码盘由光学玻璃制成，其上刻有许多同心码道，每条码道上部有按特定规律排列着的若干远光和近光部分，即亮区和暗区。通过亮区的光线经狭缝 4 后，形成一束很窄的光束照射在光电元件 5 上；光电元件的排列与码道一一对应。当有光照射时，对应于亮区和暗区的光电元件输出的信号相反，光电元件的各种信号组合，反映出按一定规律编码的数字组，代表了码盘转轴的转角大小。

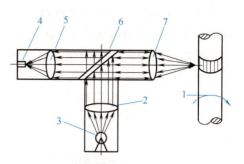

图 2-47　反射式光电转速传感器

1—转轴　2—透镜　3—光源　4—光电元件
5—聚焦透镜　6—膜片　7—聚光镜

8. 磁电式传感器

（1）磁阻式传感器　磁阻式传感器中的线圈与磁铁均保持不动，由运动着的导磁体改变磁路的磁阻，使磁力线增强或减弱，在线圈中产生感应电动势。图 2-49a 所示为用磁阻式传感器测回转体频数示意图，传感器由永久磁铁和缠绕在它上面的线圈组成。当齿轮（导磁体）旋转时，将引起磁阻的变化，在线圈中感应出交变电动势，其频率等于齿轮齿数和转速的乘积。图 2-49b 所示为测回转体转速示意图，图 2-49c 所示为测偏心量示意图，图 2-49d 所示为测振动示意图。

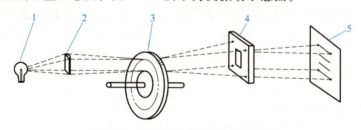

图 2-48　光学码盘式传感器工作原理

1—光源　2—柱面镜　3—码盘　4—狭缝　5—光电元件

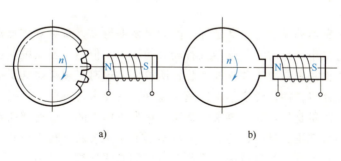

a)　　　　　　　　　　b)

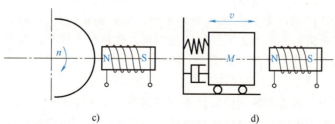

c)　　　　　　　　　　d)

图 2-49　磁阻式传感器

（2）磁电相位差式转矩传感器　转矩的电测技术主要是通过传感器把转矩这个机械量转换成相位，然后用相位计来测相位，从而达到测量转矩的目的。

用磁电相位差式转矩传感器测量转矩的结构示意图如图 2-50 所示。该转矩传感器由两个磁电式传感器组成。传感器为两个转子（包括线圈），分别固定在扭转轴的两端；定子（包括磁钢、磁极）固定在外壳上。扭转轴由具有良好弹性的钛铜制成。安装时要使一个传感器定子的齿顶与转子的齿根相对，另一个传感器定子的齿根与转子的齿顶相对，使两个磁电传感器产生的感应电势相差 180°。

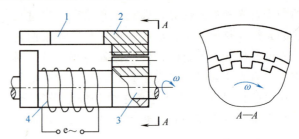

图 2-50　磁电相位差式转矩传感器的结构示意图
1—磁钢　2—磁极　3—扭转轴　4—线圈

该传感器是变磁阻感应发电式传感器。当转子相对定子旋转时，磁阻发生变化，引起磁通量的变化，从而产生周期性的感应电势。由于一个传感器磁阻最小时，另一个刚好为最大，因此，两个磁电传感器的感应电势相位差为 180°，而幅值、频率却相同。

当扭转轴受转矩作用时，会产生一个扭转角差，则两个磁电传感器感应电势的相位差变为 $180° \pm \varphi z$，其中 z 为内齿和外齿均相同的齿数。令 $z\varphi = \varphi_0$，φ_0 是两个感应电势因转矩作用而产生的附加相位差。将 φ_0 输入测量电路中，转换为时间差，得到一个脉冲宽度正比于附加相位差 φ_0 的脉冲信号，又因 φ_0 与转矩成正比，因此可在数字式仪表（或指针式仪表）上读出被测的转矩。

2.11.3　传感器的选用原则

应根据测试目的和实际工作条件，合理地选用传感器，本节就选用传感器的一些注意事项进行简要介绍。

1. 灵敏度

一般来讲，传感器的灵敏度越高越好，因为灵敏度越高，意味着传感器所能感知的变化量越小，被测量有微小变化时，传感器就有较大的输出。但是，当灵敏度越高时，与测量信号无关的外界干扰也越容易混入并被放大装置所放大。这时必须考虑既要检测微小量值，又要干扰小。为保证此点，往往要求信噪比越大越好，既要求传感器本身噪声小，又不易从外界引入干扰。当被测量是矢量时，要求传感器在矢量方向上的灵敏度越高越好，而横向灵敏度越小越好。在测量多维矢量时，还应要求传感器的交叉灵敏度越小越好。

和灵敏度紧密相关的是测量范围。除非有专门的非线性校正措施，否则最大输入量不应使传感器进入非线性区域，更不能进入饱和区域。某些测试工作要在较强的噪声干扰下进行，这时对传感器来讲，其输入量不仅包括被测量，也包括干扰量，两者之和不能进入非线性区。过高的灵敏度会缩小其适用范围。

2. 响应特性

所测频率范围内，传感器的响应特性必须满足不失真测量条件。此外，实际传感器的响应总有一定延迟，但总希望延迟时间越短越好。一般来讲，利用光电效应、压电效应等特性的传感器响应较快，可工作频率范围宽。而结构型，如电感、电容、磁电式传感器等，往往由于结构中机械系统惯性的限制，其固有频率低，可工作频率也较低。

在动态测量中，传感器的响应特性对测试结果有直接影响，在选用时，应充分考虑被测物理量的变化特点（如稳态、瞬变、随机等）。

3. 线性范围

任何传感器都有一定的线性范围，在线性范围内输入与输出成比例关系。线性范围越宽，表明传感器的工作量程越大。

传感器工作在线性区域内，是保证测量精度的基本条件。例如，机械式传感器中的测力弹性元件，其材料的弹性限度是决定测力量程的基本因素。当超过弹性限度时，将产生线性误差。

然而任何传感器都不容易保证其绝对线性，在许可限度内，可以在其近似线性区域内应用。例如，变间隙型电容、电感传感器，均采用在初始间隙附近的近似线性区内工作，选用时必须考虑被测物理量的变化范围，令其线性误差在允许范围以内。

4. 可靠性

可靠性是指仪器、装置等产品在规定的条件下，在规定的时间内可完成规定功能的能力。只有产品的性能参数（特别是主要性能参数）处在规定的误差范围内，才能视为可完成规定的功能。

为了保证传感器在应用中具有高的可靠性，事前需选用设计、制造良好，使用条件适宜的传感器；使用过程中，应严格规定使用条件，尽量减轻使用条件的不良影响。例如，对于电阻应变式传感器，湿度会影响其绝缘性，温度会影响其零漂，长期使用会产生蠕变现象；又如，对于变间隙型电容传感器，环境湿度或浸入间隙的油剂，会改变介质的介电数；光电传感器的感光表面有尘埃或水汽时，会改变光通量、偏振性和光谱成分；对于磁式传感器或霍尔效应元件等，当在电场、磁场中工作时，也会带来测量误差；滑线电阻式传感器表面有尘埃时，将引入噪声等。

在机械工程中，有些机械系统或自动加工过程，往往要求传感器能长期使用而无须经常更换或校准，而其工作环境又比较恶劣，尘埃、油剂、温度、振动等干扰严重，为其可靠性带来了考验，因此应仔细选择传感器。

5. 精确度

传感器的精确度表示传感器的输出与被测量真值一致的程度。传感器处于测试系统的输入端，因此，传感器能否真实地反映被测量值，对整个测试系统具有直接影响。但并非要求传感器的精确度越高越好，还应考虑经济性，传感器的精确度越高，价格越昂贵。首先应了解测试目的，判断是定性分析还是定量分析。如果是进行比较的定性实验研究，只需获得相对比较值即可，无须要求绝对值，那么就无须要求传感器精确度过高。如果是定量分析，必须获得精确量值，则要求传感器有足够高的精确度。例如，为研究超精密切削机动部件的定位精确度、主轴回转运动误差、振动及热变形等，往往要求测量精度在 $0.01 \sim 0.1 \mu m$ 范围内，欲测得这样的量值，必须采用高精确度的传感器。

6. 测量方法

传感器在实际条件下的工作方式，例如，接触与非接触测量、在线与非在线测量等，也是选用传感器时应考虑的重要因素。工作方式不同，对传感器的要求也不同。在机械系统中，运动部件的测量（如回转轴的运动误差、振动、转矩），往往需要无接触测量。因为对部件的接触式测量不仅对被测系统会产生影响，而且有许多实际困难，诸如测量头的磨损、接触状态的变动、信号的采集等都不易妥善解决，也易造成测量误差。采用电容式、涡电流式等非接触式传感器，会比较方便。选用电阻应变片时，需配以遥测应变仪或其他装置。在线检测是与实际情况更接近的测试方式，特别是自动化过程的控制与检测系统，必须在现场实时条件下进行检测。实现在线检测是比较困难的，对传感器及测试系统都有特殊要求。例如，在加工过程中，若要实现表面粗糙度的检测，以往的光切法、干涉法、针式轮廓检测法都不能运用，取而代之的是激光检测法。实现在线检测的新型传感器的研制，也是当前测试技术发展的一个方面。

7. 其他因素

除了以上选用传感器时应充分考虑的一些因素外，还应尽可能兼顾结构简单、体积小、质量轻、价格便宜、易于维修、易于更换等条件。

2.12 单 片 机

单片微型计算机（Single Chip Microcomputer），简称单片机，是微型计算机的一个重要领域。作为一种集成电路，其内部集成了微处理器核心、内存以及输入、输出接口等基本电子元件，具备自主运行的能力。通过选取合适的单片机型号、编写高效的程序代码并设计合理的硬件电路等，可构成具有特定功能的电子系统。单片机以其小巧的体积、强大的功能以及灵活的可编程性，在家电控制、工业自动化、智能家居等领域得到广泛应用。

1. 常用单片机

常用单片机有 51 系列、STM32 系列、ESP 系列、AVR 系列和 MSP430 系列。这些单片机广泛应用于各种电子设备和控制系统中。

（1）51 系列单片机　51 系列单片机以其简单易学、成本低廉而广受欢迎，尤其在教学和入门级项目中占据重要地位。其经典的 8051 核心架构，为许多电子爱好者和工程师提供了学习和实践的良好平台。在 51 单片机的程序开发流程中，开发者需直接对 51 单片机的寄存器进行配置，这一配置过程需要频繁查阅寄存器表，才能确保特定功能的正确实现。此类工作虽然琐碎且机械性较强，但鉴于 51 单片机软件架构的简明性与资源有限性，直接寄存器配置方式是一种高效的开发途径。

（2）STM32 系列单片机　STM32 系列单片机以其高性能、低功耗的特点，在工业控制、消费电子产品、医疗设备等领域得到了广泛应用。基于 ARM Cortex-M 内核的 STM32 系列，提供了丰富的外设接口和灵活的配置选项，使得开发者能够根据具体需求进行高效的设计和开发。对于 STM32 系列单片机，由于 ST 公司特别提供了 STM32 库，为开发者提供了便捷的函数接口用于配置 STM32 的寄存器，故减轻了开发者直接操作底层寄存器的负担，提升了开发效率，同时赋予了代码可读性与可维护性。

（3）ESP 系列单片机　其核心是基于 Xtensa LX6 微处理器架构，内置 Wi-Fi 和蓝牙功能，使其能够连接到互联网和各种蓝牙设备。这使得开发者能够快速构建无线通信项目，无须额外的无线模块，并支持多种低功耗模式，适合于电池供电的便携式设备。ESP 系列单片机拥有丰富的外设接口，包括 UART、I2C、SPI、PWM 等，能够方便地连接各种传感器和执行器。其内置的 ADC 和 DAC 模块使得模拟信号的采集和输出简单高效。ESP 系列单片机还支持多种编程语言，如 C/C++ 和 Lua，为开发者提供了灵活的开发环境，也支持多种开发平台，如 Arduino IDE、ESP-IDF 和 PlatformIO，这些工具提供了丰富的库函数和示例代码，可大大降低开发难度，缩短开发周期。

（4）AVR 系列单片机　AVR 系列单片机以其高效的 RISC 架构和内置的 Flash 存储器而著称，特别适合于需要快速处理和实时控制的应用场景。AVR 系列单片机还支持在线编程和调试，大大提高了开发效率，广泛应用于各种嵌入式系统和消费电子产品中。AVR 单片机的开发通常依赖于 Atmel Studio 集成开发环境，该环境提供了丰富的库函数和工具，使得开发者能够快速地进行程序设计和调试。

（5）MSP430 系列单片机　它具有超低功耗特性，适合于电池供电的便携式设备和物联网应用。MSP430 系列单片机集成了多种模拟和数字外设，能够实现复杂的功能，同时保持极低的能耗。MSP430 系列单片机的开发环境通常为 Code Composer Studio，它提供了丰富的库函数和模块化设计工具，使得开发者能够轻松地实现复杂的功能。

无论是何种单片机，各自都有其适用的场景和优势。在选择单片机时，开发者需要根据项目需求、成本预算、开发周期以及功耗要求等因素综合考虑，选择最适合的单片机。

2. 设计原则

（1）模块化设计　将控制程序划分为多个功能模块，每个模块负责一个特定的任务，便于开发和维护。

（2）高内聚低耦合　模块之间应尽量减少依赖关系，降低模块之间的耦合度，以提高系统的灵活性和可扩展性。

（3）异常处理　控制程序应具备良好的异常处理机制，能够及时捕获和处理各种异常情况，以保证系统的稳定运行。

（4）性能优化　控制程序应优化算法和数据结构，提高系统的运行效率和响应速度，以提升用户体验和系统性能。

3. 单片机系统设计的主要步骤

（1）需求分析阶段　首要任务是明确设计的目标与具体需求，了解系统所需的功能及性能要求。

（2）选型环节　依据需求分析所得结果，挑选适合的单片机型号。综合考虑处理性能、存储容量、输入输出接口等关键因素，确保所选型号能够充分满足系统设计需求。

（3）软件设计阶段　编写程序以实现系统所需各项功能，在开发过程中可灵活运用 C 语言、汇编语言等编程语言。

（4）硬件设计方面　根据需求确定控制程序的整体架构的硬件组成，设计与单片机紧密配合的外围电路，包括输入输出接口的合理连接、时钟电路的精准设计等多个方面。

（5）仿真与调试阶段　利用仿真软件对程序进行全面调试，确保程序的正确性与稳定性，及时发现并修正潜在问题。

（6）电路板设计阶段　依据硬件设计绘制电路板的布局图与原理图，进行电路板的设计与制作工作。

（7）元器件选购与焊接环节　根据电路板设计需求，选择合适的元器件，进行元器件的焊接与组装工作。

（8）系统调试与优化阶段　对整个系统进行全面调试与测试，验证系统功能与稳定性是否达到预期目标，根据测试结果对系统进行优化调整，以确保系统性能达到最优状态。

2.13　机　器　视　觉

机器视觉作为人工智能领域内迅速发展的一个分支，其核心在于利用机器替代人类视觉进行精确的测量与判断。通过机器视觉产品（主要包括 CMOS 与 CCD 两种类型的图像摄取装置）捕获目标图像，并将其转换为图像信号；图像信号被传送至专用的图像处理系统中，经过处理，提取出目标的形态信息，如像素分布、亮度及颜色等，并转化为数字化信号；图像系统对这些数字化信号进行一系列复杂的运算处理，以抽取目标的特征信息；基于这些特征信息的判别结果，系统能够实现对现场设备的精准控制。

将机器视觉应用于机械创新设计中，使产品具有视觉功能，从而使产品更加智能，赋予机械产品视觉感知能力。将机器视觉与人工智能技术融合，使机械产品具备更高级别的学习与决策能力。通过深度学习算法，机械装置能够不断从环境中学习，识别复杂场景中的细微变化，并据此做出最优决策。

机器视觉应用的主要步骤如下。

（1）需求分析　明确机器视觉系统需要完成的任务，如质量检测、物体识别、尺寸测量等。根据需求设计系统架构，包括硬件选择（如摄像机、镜头、光源等）和软件设计（如图像处理算法、数据分析等）。

（2）硬件安装与调试　将摄像机、光源、镜头等硬件设备安装在合适的位置，确保能够清晰、准确地捕捉目标物体。调整摄像机的焦距、曝光时间等参数，优化光源的亮度、角度等，以获得最佳的图像质量。

（3）软件开发与集成　编写或选择合适的图像处理算法和数据分析软件，对图像进行预处理、特征提取、识别分类等操作。将硬件设备和软件系统集成在一起，实现数据的实时采集、处理和分析。

（4）调试运行　对系统进行全面的调试，确保各个部分能够协同工作，满足设计要求。根据测试结果调整算法参数、优化软件结构等，提高系统的准确性和效率。将机器视觉系统投入实际应用中，进行持续的监控和数据采集。

（5）数据处理　对采集到的图像数据进行处理和分析，提取有用信息，如尺寸、形状、位置等。将处理结果反馈给控制系统，实现自动化控制。

机器视觉的引入可以拓展机械产品的应用领域。例如，在农业领域，智能农机能够通过机器视觉识别作物生长状态，精准施肥灌溉；在医疗领域，手术机器人借助高清图像识别技术，能够辅助医生完成复杂精细的手术操作；在工业巡检领域，智能监控系统能全天候监测设备变化，及时发现并预警潜在的故障隐患。

随着 5G、物联网等技术的快速发展，机器视觉技术的应用可以推动机械创新设计向更加智能化、网络化的方向发展。机器视觉涉及的内容较多，本节仅作简要介绍，意在启发读者在机械创新设计的过程中合理利用机器视觉技术，为机械创新设计带来更多的可能性。

第 3 章 机构创新方法与实例分析

学如弓弩，才如箭簇，
识以领之，方能中鹄，
——袁枚《续诗品·尚识》

第3章

机构创新方法与实例分析

3.1 机构功能及表达

机构创新是实现机械创新设计的一个基本途径。机构的创新设计是指将几个基本机构按一定的原则或规律组合成一个复杂的机构，可以是几种基本机构融合成性能更加完善、运动形式更加多样化的新机构；也可以是几种基本机构组合在一起，组合体的各基本机构还保持各自的特性，但需要各个机构的运动或动作协调配合。

在机械创新设计过程中，从功能原理方案到确定运动范围，从分析载荷到结构尺寸确定，都与机构设计的理论和方法相关。基本机构包括连杆机构、凸轮机构、齿轮机构、螺旋机构、间歇机构等。

机器向自动化和智能化发展，同样需要机构去实现机械运动的传递和变换。单一的基本机构往往不能满足机器性能的要求，需要进行创新设计，利用各种基本机构的特点和优点，合理改善总体性能。

例如：连杆机构在高速运转时需要解决动平衡问题，一些特殊的运动规律用单一的连杆机构也难以实现；凸轮机构虽然可以实现任意运动规律，但行程不可调，且行程也不可能增大；齿轮机构虽然具有良好的运动和动力特性，但运动形式简单；棘轮机构、槽轮机构等间歇机构运动和动力特性均不理想，具有不可避免的冲击、振动，以及速度和加速度的波动。为了改善机器的性能，达到人-机-环境的高度协调，需要设计者熟悉机构的特点、性能和用途，掌握创新设计过程的机构分析与综合的现代理论知识。

机构运动简图设计是机械产品设计的第一步，其设计内容包括选定或开发机构构型并加以巧妙组合，同时进行各个组成机构的尺度综合，使此机构系统满足某种功能要求。机构运动简图设计是决定机械产品的质量、水平的高低，性能的优劣和经济效益好坏的关键性的一步。在完成功能分解之后，需要对各子功能进行机构构型的选择，需要设计者掌握机构的基本运动形式、机构的功能和机构的分类，从而按运动规律、动作过程、运动性能等要求绘制机构运动简图。

1. 执行构件的基本运动形式

常用机构构件的运动形式有回转运动、直线运动和曲线运动三种，回转运动和直线运动是最简单的机械运动形式。按运动有无往复性和间歇性区分，执行构件的基本运动形式见表3-1。

2. 机构的功能

机构的功能是指机构实现运动变换和完成某种功能的能力。常用机构的基本功能见表3-2。

表 3-1　执行构件的基本运动形式

运动形式	举例
单向转动	曲柄摇杆机构中的曲柄、转动导杆机构中的转动导杆、齿轮机构中的齿轮
往复摆动	曲柄摇杆机构中的摇杆、摆动导杆机构中的摆动导杆、摇块机构中的摇块
单向移动	带传动机构或链传动机构中的输送带(链)移动
往复移动	曲柄滑块机构中的滑块、牛头刨床机构中的刨头
间歇运动	槽轮机构中的槽轮、棘轮机构中的棘轮,凸轮机构、连杆机构也可以构成间歇运动
按轨迹运动	平面连杆机构中的连杆曲线、行星轮系中行星轮上任意点的轨迹

表 3-2　常用机构的基本功能

基本功能		举例
变换运动形式	转动←→转动	双曲柄机构、齿轮机构、带传动机构、链传动机构
	转动←→摆动	曲柄摇杆机构、曲柄滑块机构、摆动导杆机构、摆动从动件凸轮机构
	转动←→移动	曲柄滑块机构、齿轮齿条机构、挠性输送机构、螺旋机构、正弦机构、移动推杆凸轮机构
	转动←→单向间歇转动	槽轮机构、不完全齿轮机构、空间凸轮间歇运动机构
	摆动←→摆动	双摇杆机构
	摆动←→移动	正切机构
	移动←→移动	双滑块机构、移动推杆、移动凸轮机构
	摆动←→单向间歇转动	齿式棘轮机构、摩擦式棘轮机构
变换运动速度		齿轮机构(用于增速或减速)、双曲柄机构
变换运动方向		齿轮机构、蜗杆机构、锥齿轮机构
进行运动合成(或分解)		差动轮系,各种 2 自由度机构
对运动进行操作或控制		离合器、凸轮机构、连杆机构、杠杆机构
实现给定的运动位置或轨迹		平面连杆机构、连杆-齿轮机构、凸轮连杆机构、联动凸轮机构
实现某些特殊功能		增力机构、增程机构、微动机构、急回特性机构、夹紧机构、定位机构

3. 机构的分类

为了使所选用的机构能实现某种动作或有关功能,还可以将各种机构按运动转换的种类和实现的功能进行分类。按功能进行机构分类见表 3-3。

表 3-3　机构分类

种类	机构形式
匀速转动机构(包括定传动比机构、变传动比机构)	1. 摩擦轮机构　　　　　　　　2. 齿轮机构、轮系 3. 带、链机构　　　　　　　　4. 平行四边形机构 5. 转动导杆机构　　　　　　　6. 各种有级或无级变速机构
非匀速转动机构	1. 非圆齿轮机构　　　　　　　2. 双曲柄机构 3. 转动杆机构　　　　　　　　4. 组合机构

57

（续）

种类	机构形式	
往复运动机构（包括往复移动和往复摆动）	1. 曲柄-摇杆往复运动机构 3. 滑块往复运动机构 5. 齿轮式往复运动机构	2. 摇杆往复运动机构 4. 凸轮式往复运动机构 6. 组合机构
间歇运动机构（包括间歇转动、间歇摆动、间歇移动）	1. 间歇转动机构（棘轮、槽轮、凸轮、不完全齿轮机构） 2. 间歇摆动机构（一般利用连杆曲线上近似圆弧或直线段实现） 3. 间歇移动机构（由连杆机构、凸轮机构、组合机构等来实现单侧停歇、双侧停歇、步进移动）	
差动机构	1. 差动螺旋机构 3. 差动齿轮机构 5. 差动滑轮机构	2. 差动棘轮机构 4. 差动连杆机构
实现预期轨迹机构	1. 直线机构（连杆机构、行星齿轮机构等） 2. 特殊曲线（椭圆、抛物线、双曲线等）绘制机构 3. 工艺轨迹机构（连杆机构、凸轮机构、凸轮连杆机构等）	
增力及夹持机构	1. 斜面杠杆机构 3. 肘杆机构	2. 铰链杠杆机构
行程可调机构	1. 棘轮调节机构 3. 螺旋调节机构 5. 可调式导杆机构	2. 偏心调节机构 4. 摇杆调节机构

4. 绘制机构运动简图

在机构设计时，选择执行机构并不仅仅是简单地挑选，而是包含着创新。因为要得到科学的运动方案，必须构思出新颖、灵巧的机构系统。这一系统的各执行机构不一定是现有的机构，为此，应根据创造性的基本原理和法则，积极运用创造性思维，灵活使用创新技术进行机构构型的创新设计。第 2 章表 2-2、表 2-3 和表 2-4 分别给出了运动副的常用符号和一般构件的表示方法。绘制机构运动简图要按照标准画法进行绘制。

3.2　机构创新设计方法

3.2.1　构型变异的创新设计方法

为了满足一定的工艺动作要求，或为了使机构具有某些性能与特点，需改变已知机构的结构，在原有机构的基础上，演变发展出新的机构，称此种新机构为变异机构。常用的变异方法有以下几类。

1. 机构的扩展

以现有机构为基础，改变构件的形式或者增加新的构件，可以应用在不同的设计中。现有机构各构件间的相对运动关系不变，但所构成的新机构的功能更加多样化，或者性能与原有机构相比产生较大变化。如图 3-1 所示的齿轮-曲柄摆块机构，在曲柄摆块机构的基础上进一步扩展，增加了齿轮机构，扩展后的机构由齿轮机构和曲柄摆块机构组成。其中齿轮 1

与连杆 2 可相对转动，而齿轮 4 则装于铰链 B 点并与导杆 3 固连：连杆 2 作圆周运动，曲柄通过连杆使摆块摆动从而改变连杆的姿态，使齿轮 4 带动齿轮 1 作相对曲柄的同向回转与逆向回转。

2. 机构的倒置

机构内运动构件与机架的转换，称为机构的倒置。按照运动的相对性原理，机构倒置后构件间的相对运动关系不变，但可以得到不同的机构。如图 3-2 所示，如果将图 3-2a 中曲柄滑块机构的曲柄作为原动件，可以表示往复式压缩机的基本工作原理，滑块作为执行机构（也就是压缩机活塞），输出往复直线运动；如果将该机构的输入、输出关系倒置，就得到了如图 3-2b 所示的机构，可以表示内燃机的基本工作原理，也就是内燃机活塞作为原动件，带动曲柄旋转，输出旋转运动。

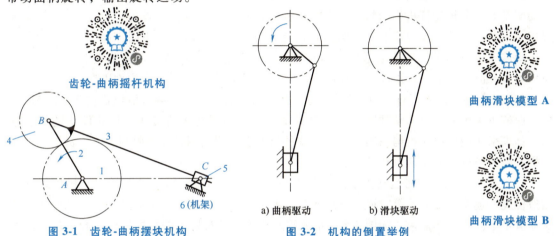

齿轮-曲柄摇杆机构

图 3-1　齿轮-曲柄摆块机构

a) 曲柄驱动　　　b) 滑块驱动

图 3-2　机构的倒置举例

曲柄滑块模型 A

曲柄滑块模型 B

3. 机构局部结构的改变

改变机构局部结构（包括构件运动结构和机构组成结构），可以获得有特殊运动性能的机构。运动结构主要指构件之间的相对运动关系，而组成结构时指机构中各构件的配置和连接方式。

改变机构局部结构也可称为运动副变异演化，分为异性运动副间变异演化和同性运动副间变异演化。高副低代就属于异性运动副间变异演化，而低副之间的替换属同性运动副间（如低副之间）变异演化。如图 3-3 所示，将图 3-3a 曲柄摇杆机构中的同性运动副进行替换，可以得到如图 3-3b 所示的曲柄滑块机构，滑块在曲面滑道里同样是摆动形式，进一步将曲面滑道替换成图 3-3c 中所示的直线滑道，即得到偏心曲柄滑块机构。

曲柄摇杆机构

曲柄滑块机构

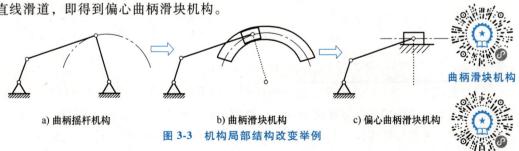

a) 曲柄摇杆机构　　　b) 曲柄滑块机构　　　c) 偏心曲柄滑块机构

图 3-3　机构局部结构改变举例

偏心曲柄
滑块机构

4. 机构结构的移植与模仿

将一机构中的某些结构应用于另一种机构中，称为结构的移植。利用某一

59

结构特点设计新的机构，称为结构的模仿。机构模仿举例如图3-4所示。

3.2.2 机构原理的创新设计方法

1. 利用机构运动特点创新机构

利用现有机构工作原理，充分考虑机构运动特点、各构件相对运动关系及特殊的构件形状等，创新设计出新的机构。

（1）利用连架杆或连杆运动特点设计新机构　连杆的运动特点包括运动规律、运动速度、运动幅度等。分析连杆机构的特性，可为机构设计提供有力依据。首先，运动规律方面，连杆的运动规律取决于驱动方式及负载特性。为确保在不同工况下的传动需求得以满足，应选取适宜的运动规律，如匀速、匀加速、匀减速等。应依据实际应用需求，合理设定连杆的运动幅度，以满足各类工况下的使用要求。

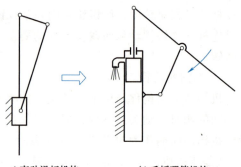

a) 直动滑杆机构　　　b) 手摇唧筒机构

图 3-4　机构模仿举例

手摇唧筒

如图3-5所示的多杆行程放大机构，由曲柄摇杆机构1-2-3与导杆滑块机构4-5-6串联组成。曲柄1为主动件，从动件5往复移动。主动件1的回转运动转换为从动件5的往复移动。如果采用曲柄滑块机构来实现，则滑块的行程会受到曲柄长度的限制，而该机构在同样曲柄长度的条件下能实现滑块的较大行程。

（2）利用两构件相对运动关系设计新机构　两构件的相对运动关系体现在构件之间的相对位置、速度、加速度等方面。通过改变这些相对运动关系，可以调节机构的输出性能，从而满足不同的工作需求。如图3-6所示的筛料机构，该机构由曲柄摇杆机构和摇杆滑块机构构成，曲柄1匀速转动，通过摇杆3和连杆4带动滑块5作往复直线运动。曲柄摇杆机构的急回特性，使得滑块5的速度、加速度变化较大，从而更好地完成筛料工作。

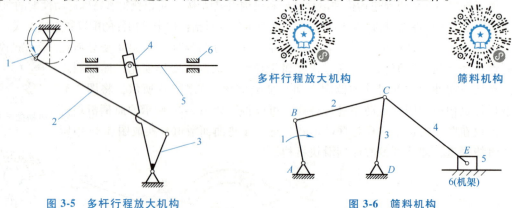

多杆行程放大机构

筛料机构

图 3-5　多杆行程放大机构　　　　　　　图 3-6　筛料机构

（3）利用成形固定构件实现复杂动作过程　利用成形固定构件来实现所需要的复杂动作过程，例如凸轮、棘轮和多杆机构等。在机构设计过程中，要充分挖掘机构运动特点、构件相对运动关系和特殊构件形状等运动规律，以实现新机构的创新设计。如图3-7所示的机床进给机构，采用带有凹槽的圆柱凸轮1带动扇形齿轮（不完全齿轮）2实现往复摆动，从而能带动齿条3及刀架进行往复直线移动，实现刀架所需的切削速度和行程。

2. 基于组成原理的机构创新设计

根据机构组成原理，将零自由度的杆组依次连接到原动件和机架上，或者在原有机构的基础上，搭接不同级别的杆组，均可设计出新机构。

当熟识了不同机构的运动特点后，借助杆组拆分的基本原理，可以根据机构特征按照所需要的输出运动对杆组进行组合，从而设计出新机构。如图3-8所示的杆组组合过程，凸轮构件1为原动件；构件4和5组成的II级杆组，一端通过铰链F与构件6和7连接，另一端与构件8组成单构件高副杆组；构件3和2组成的两个II级杆组一端通过构件3与构件4形成移动副，另一端与凸轮进行刚性连接。

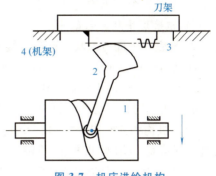

图3-7 机床进给机构

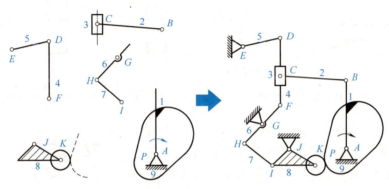

图3-8 杆组组合过程

3. 基于组合原理的机构创新设计

把一些基本机构按照某种方式结合起来，创新设计出一种与原有机构特点不同的新的复合机构。机构组合的方式很多，常见的有串联组合、并联组合、混接式组合等。基于组合原理的机构设计可按下述步骤进行：根据工作确定执行构件所要完成的运动；将执行构件的运动分解成机构易于实现的基本运动或动作，分别拟订能完成这些基本运动或动作的机构构型方案；将上述各机构构型按某种组合组成一个新的复合机构。

（1）机构的串联组合 将两个或两个以上的单一机构按顺序连接，每一个前置机构的输出运动是后续机构的输入运动，这样的组合方式称为机构的串联组合。例如，三个机构I、II、III的串联组合框图如图3-9所示（表示机构参数）。

图3-9 机构的串联组合框图

1）固接式串联。不同类型机构的串联组合有各种不同的效果。

① 将匀速运动机构作为前置机构与另一个机构串联，可以改变机构输出运动的速度和周期。

② 将一个非匀速运动机构作为前置机构与机构串联，可改变机构的速度特性。

③ 由若干个子机构串联组合得到传力性能较好的机构系统。

2）轨迹点串联。若前一个基本机构的输出为平面运动构件上某一点 M 的轨迹，通过轨迹点 M 与后一个机构串联，这种连接方式称为轨迹点串联。如图 3-10 所示的插床机构由转动导杆机构与对心曲柄滑块机构串联构成。曲柄 1 匀速转动，通过滑块 2 带动从动连杆 3 绕 B 点回转，通过连杆 4 驱动滑块 5 作直线移动。由于导杆机构驱动滑块 5 往复运动时对应曲柄 1 的转角不同，故滑块 5 具有急回特性。

（2）机构的并联组合 以一个多自由度机构作为基础机构，将一个或多个自由度为 1 的机构（可称为附加机构）的输出构件接入基础机构，这种组合方式称为并联组合。图 3-11 所示为并联组合的几种常见连接方式框图。

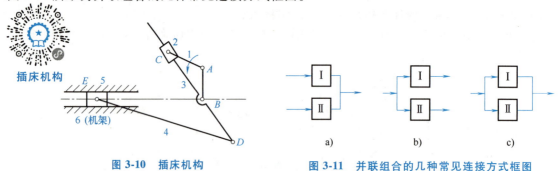

图 3-10　插床机构　　　　　图 3-11　并联组合的几种常见连接方式框图

如图 3-12 所示的冲压机构由两组对称布置的齿轮机构与对称配置的两套曲柄滑块机构组合而成。AD 连杆与齿轮 1 固连，BC 连杆与齿轮 2 固连。组成要求：$z_1 = z_2$；$AD = BC$；$\alpha = \beta$。齿轮 1 匀速转动，带动齿轮 2 回转，从而通过连杆 3、4 驱动杆 5 上下直线运动完成预定功能。此机构可用于冲压机、充气泵、自动送料机。

（3）机构的混联组合 综合运用串联-并联组合方式可组成更为复杂的机构，此种组合方式称为机构的混联组合，图 3-13 所示为混联组合的几种常见连接方式框图。

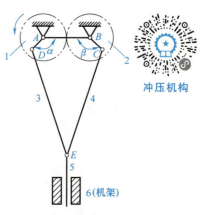

图 3-12　冲压机构

如图 3-14 所示的精压机机构由曲柄滑块机构和两个对称的摇杆滑块机构组成。对称部分由连杆 4-5-6-7 和连杆 8-9-10-7 两部分并联构成，当曲柄 1 连续转动时，滑块 3 上下移动，通过连杆 4-5-6 使滑块 7 上下移动，完成物料的压紧。钢板打包机、纸板打包机、棉花打捆机等均可采用此机构完成预期工作。此类对称并联机构在运动分析中可将并列两者之一视为虚约束，对称部分的作用是使滑块平稳下压，使机构运动平稳、施力载荷均衡。

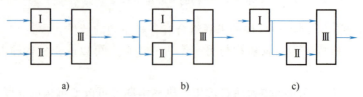

图 3-13　混联组合的几种常见连接方式框图

（4）反馈式组合机构 以一个多自由度机构作为基础机构，而以另一单自由度机构作为附加机构，且基础机构的某一输入运动是通过附加机构从该基础机构的输出件反馈而得到，这样的机构系统称为反馈式组合机构。该系统的输入运动是通过本组合系统的输出构件反馈的。图3-15所示为反馈式常见连接方式框图。

图3-16所示为滚齿机工作台误差校正机构。因蜗杆1具有转动和移动两个自由度，故该误差校正机构是以两自由度的蜗杆蜗轮机构1-2-4为基础机构，以单自由度的凸轮机构2′-3-4为反馈的附加机构组合而成。由图可知，在基础机构，即

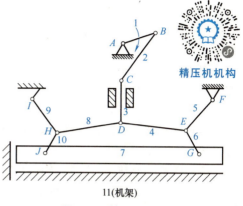

精压机机构

图3-14 精压机机构

63

蜗杆蜗轮机构的两个输入运动是由外界传入的，S_1 是由附加机构，即凸轮机构从基础机构的输出运动反馈得来的。蜗杆1的轴向位移 S_1 使蜗轮2产生附加转动，因蜗轮与滚齿机工作台固连，而凸轮2′的轮廓曲线则按蜗杆蜗轮的传动误差设计，故该组合机构具有补偿校正滚齿机工作台分度误差的功能。

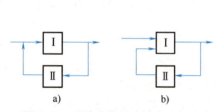

图3-15 反馈式常见连接方式框图

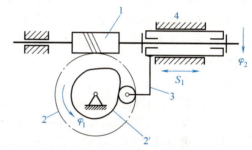

图3-16 滚齿机工作台误差校正机构

（5）叠联式组合机构 将基本机构装于另一基本机构的输出件上，各有自己的动力源并各自完成自己的运动，其叠加运动是所要求的输出运动，以这种方式连接而成的机构系统称作叠联式组合机构，也称运载式组合机构。图3-17所示为叠联式常见连接方式框图。

图3-18所示为液压挖掘机机构。第一套摆缸机构1-2-3-4以挖掘机机身4为机架，它由三套液压摆缸机构组成，输出件为大转臂3；第二套摆缸机构5-6-7-3以大转臂3为相对机架，输出件为小转臂7；第三套摆缸机构8-9-10-7以小转臂7为相对机架，输出件为铲斗10。以上三套摆缸机构各有自己的动力源，均为液压缸，运动的叠加便组成了铲斗10的复杂挖掘动作。

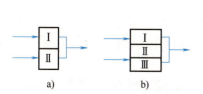

图3-17 叠联式常见连接方式框图

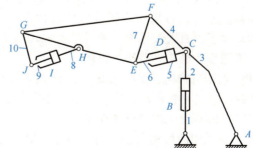

图3-18 液压挖掘机机构

液压挖掘机机构

3.3 机 构 综 合

机构综合是指根据对机构的结构、运动学和动力学要求进行机构设计，主要包括机构型综合、机构数综合和机构尺度综合。

机构型综合是指寻求满足某种运动要求的机构类型，即研究用多少构件，用哪类运动副去连接这些构件，才能得到满足某种运动要求的机构类型。因此，机构型综合是一种机构选型设计。

机构数综合是研究一定数量的构件和一定数量的运动副可以组成多少种一定自由度的运动链。机构数综合是一种机构枚举学，本书不做具体介绍。

机构尺度综合是按已选定的机构类型和给定的运动条件或动力条件，寻求各构件的几何尺寸，以便确定机构运动简图的参数。

3.3.1 机构型综合

在机械系统运动方案设计过程中，确定执行动作和选择执行机构是创造性的设计环节。选择恰当的执行机构及其组合以实现所需工艺动作，即机构选型与组合。机构选型是基于现有机构的特点和功能进行选择，并通过演化或变型方法进行改进与创新，以寻求最优解。实现各种运动要求的现有机构类型可从各类机构手册中获得。由于执行构件的运动形式在机构选型中直观且方便，设计者一般可根据运动要求，在相关手册中查找相应机构。若选定的机构形式未能满足需求，则可进行机构创新（可参看 3.2 节，或其他书籍）。

机构选型有多种机构可选时，设计者必须综合考虑工艺动作要求、受力情况、使用维护便利性、制造成本、加工难度等因素，进行比较以选出最佳方案。

（1）工艺动作和运动要求　选择机构时，首先应确保其满足执行构件的工艺动作和运动要求。通常，高副机构较易实现所需运动规律和轨迹，但其曲面加工制造较为复杂，且高副元素易磨损导致运动失真。低副机构的低副元素（圆柱面或平面）易于达到加工精度，但其往往只能近似实现所需运动规律或轨迹，尤其在构件数量众多时，累积误差较大，设计也较为困难。综合考虑，应优先考虑低副机构。

（2）结构简单　运动链从原动件到执行构件应尽可能简单，以减少构件和运动副的数量。这不仅有助于降低制造和装配难度、减轻质量、降低成本，还能减少机构累积运动误差，提高机械效率和工作可靠性。因此，在选型时，通常选择误差在允许范围内的简单结构机构，而非理论上无误差但结构复杂的机构。

（3）性能佳　这一原则对于高速机械或载荷变化大的机构尤为重要。对于高速机械，机构选型应考虑其对称性，对机构或回转构件进行平衡，以实现质量合理分布，平衡惯性力，减小动载荷。对于传力大的机构，应尽量增大传动角和减小压力角，以防止机构自锁，提高传力效率，降低原动机功率消耗及损耗。

（4）高效率　选用机构时，必须考虑其生产效率和机构效率，这是节约能源、提高经济效益的重要手段。在选用机构时，应尽量减少中间环节，即缩短传动链，并尽量少用移动副，因为这类运动副容易发生楔紧自锁现象。

（5）性价比　所选用的机构应易于加工制造、成本低廉，应使机器操作方便、易于调整且安全耐用，还应使机器具有较高的生产效率和机械效率。

3.3.2 机构尺度综合

在机械设计过程中，根据已经选定的机构类型，如四杆机构、凸轮机构或其他类型的机械装置，需要进一步考虑给定的运动条件或动力条件，如速度、加速度、力的传递等。尺度综合是指通过精确计算和设计，确定各个构件的具体几何尺寸，这些尺寸共同决定了机构的运动特性。这些尺寸参数确定后，可以按比例绘制出机构运动简图。在确定各机构尺寸的基础上，确定各机构的连接方法与连接件尺寸，进行计算机仿真，检验运动协调的可靠性，反复进行机构尺寸与位置的修正，最终完成结构设计。

以连杆机构为例，其尺度综合可分为三大类型。

（1）刚体导引机构的尺度综合 在刚体导引机构的综合过程中，需要确保连杆平面能够精确地通过一系列预先设定的特定位置。这一过程涉及对机构尺寸的精确计算和设计，以确保连杆在运动过程中能够准确地到达这些预定的位置点，从而满足机构设计的精确性和功能性要求。

（2）函数发生机构的综合 其核心目标是确保机构的输入量与输出量之间能够严格遵循并实现特定的函数关系。在这一过程中，设计者需要对机构的尺寸进行精确的计算和调整，以确保无论输入量如何变化，输出量都能够按照预定的函数关系进行响应，从而达到设计的预期效果。

（3）轨迹发生机构的综合 要求连杆上某一点的运动轨迹必须严格遵循并实现一个特定的曲线形状。为了达到这一目标，设计者需要对机构的尺寸进行细致的计算和优化，确保连杆上该点的运动路径能够精确地复现设计中所期望的曲线轨迹，从而满足机构在运动控制和路径规划方面的要求。

在进行尺度综合时，设计者通常会借助计算机辅助设计（CAD）软件和动力学仿真工具，进行参数化建模和仿真分析。通过反复迭代和优化，设计者可以找到满足所有设计要求的最佳机构尺寸方案。此外，实际应用中还需要考虑制造误差、材料特性、成本限制等因素，对尺度综合的结果进行进一步的调整和优化。

连杆尺度综合设计方法主要有图解法、解析法、实验法和数值仿真法。例如，将图3-19a所示的四边形四杆机构用作图3-19b所示摄影平台的平面机构，在确定各杆长时需要根据摄影平台的实际应用需求和运动特性来综合考虑，如升降过程中的水平和垂直移动范围等，图3-19c所示为摄影平台的图解法示意图。

对于图3-19这种结构比较简单的机构选择图解法进行设计即可，图解法通过几何图形直观地表示机构的运动关系，便于快速确定杆件尺寸。对于结构比较复杂的机构或精度要求高的场合，可以采用解析法，通过建立数学模型，利用代数方程或微分方程来描述机构的运动规律，从而精确计算出各杆件的长度。实验法则是通过制作原型机或使用现有的机构进行实际测试，观察其运动特性，根据测试结果对机构进行调整，但成本较高，周期较长。

数值仿真法结合了解析法的精确性和实验法的直观性，通过计算机模拟机构的运动过程，可以快速评估不同设计方案的性能。数值仿真软件如 ADAMS、SimMechanics 等，能够提供详细的动态响应分析，帮助设计者在计算机上进行迭代优化，从而缩短设计周期，降低成本。

65

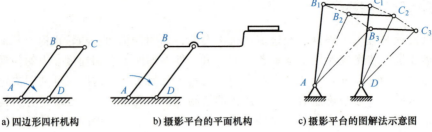

a) 四边形四杆机构   b) 摄影平台的平面机构   c) 摄影平台的图解法示意图

图 3-19　机构尺度综合设计举例

平行连杆 A

平行连杆 B

第4章 创新思维与技法

终日乾乾，与时偕行。

——《周易》

第4章

创新思维与技法

4.1 创造能力

4.1.1 创造能力的构成

创造是反映事物本质属性和内在、外在有机联系，具有新颖的广义模式的一种可以物化的创新活动。它使人类突破各种自然极限，不仅能揭示事物的本质，而且能转化出新的、有社会价值的成果或产物，以不断满足人类的精神和物质需求。

机械创新设计与一般机械设计的区别实质在于创新，在这个过程中创造能力起到十分重要的作用。创造能力受到个人因素和外部环境因素的共同作用，个人的创造能力既包含智力因素也包含非智力因素。个人创造能力的构成见表 4-1。

表 4-1 个人创造能力的构成

创造能力
- 智力因素
  - 观察力：有目的地感知事物的能力
  - 记忆力：将知识、经验、信息存储于大脑中的能力
  - 想象力与思考力：对知识、信息进行加工变换的能力
  - 表达力：对头脑中已产生的新知识、新信息的输出能力
  - 自控力：对意识、心理、行为进行约束、组织、协调的能力
- 非智力因素：如理想信念、性格意志、兴趣爱好、需求与动机模式等

智力因素是创造能力的基础性因素，是创造能力的核心，也是决定创新的基本条件。非智力因素则是创造能力的导向、催化和动力因素，也是促使创造能力由潜伏到显现的制约因素，就个人的创造能力而言，智力因素和非智力因素都很重要。

外部环境因素包括知识和技术创新被置于较高的战略位置，构造激励创新的社会环境；也包括人在外部环境中获取信息的渠道，对最新技术信息、学科交叉、知识融合的运用。

由此可见，创造能力不仅可以通过特定的方法和途径进行锻炼，更可以在日常生活的方方面面得到培养和提升。保持一颗好奇心是激发创造能力的关键，对于未知的事物，要有敢于探索、敢于质疑的勇气，去探寻其背后的规律和原理。通过阅读、交流、旅行等方式拓宽视野，只有对世界的了解更加全面和深入，才能产生更多的创意和想法。学会从不同的角度和层面去看待问题，打破思维的局限性，敢于尝试、敢于实践。保持积极的心态，遇到挫折和失败时，要不断鼓励自己、激励自己，并学会从失败中汲取教训和经验。

4.1.2　创意的表达

运用语言和词汇，通过语言的表达和沟通，形成对事物的认知。对于团队设计，少不了语言的讨论和沟通，通过头脑风暴，可以提高自己的思维能力。

语言是人类进行沟通交流的表达方式。这里的语言，可以是狭义的语言，也就是说话；也可以是广义的语言，如共同采用的沟通符号、表达方式与处理规则。

人类活动很大程度依赖于语言的沟通，在学习和实践的过程中，应该保持开放的心态，不断地接受新的知识和思想，并将其灵活应用在工作和生活中。为设计出更加符合消费者需求的产品，需要充分地调研，获得更为准确的需求信息。前面已经介绍过，实现同一个功能，可以具有多种方案，通过语言思维，可以提供尽可能多的备选方案，有助于择优选择。设计完成后，还需要介绍、汇报、推广以及售后服务。

机械设计的过程中，少不了机械的语言，从"机械原理"课程中所学习的各种机构的平面机构简图，（线、角）位移、（线、角）速度、（线、角）加速度分析图，到"机械设计"课程中所学习的受力分析图、弯矩扭矩图，再到零件图和装配图，无一不是机械的语言。

在语言思维的过程中，应尽可能严谨准确地表达自己的设计创意，并采用标准的机械语言来说明设计方案和设计过程，如机构简图的标准画法，图样的准确绘制等。语言思维过程见表4-2。

69

表 4-2　语言思维过程

语言种类		设计过程			
		初期	中期	末期	后期
狭义的语言		方案的调研、讨论、评价	改进与优化	汇报、介绍	推广、售后
广义的语言	图形	机构运动简图	模型	图样	广告宣传
	文字	可行性分析	设计说明书	工艺方案	使用说明书
	实体	现有产品	虚拟样机	实体样机	批量生产

4.1.3　灵感与坚持

只有灵感不见得能将其付诸实际，要实现目标，一方面要抱有持续热情，另一方面要能够坚持。灵感若仅止于遥望，则永远无法触及其真实。将灵感转化为现实并非易事，需要不断地学习、探索和尝试依赖于设计者内心那份坚定的热情和恒久的坚持。

创造是一个艰难的过程，创造者需要有从事专业活动的责任感与使命感。选择了机械工程专业，就要理解机械工程专业从业者的职业性质与社会责任，能够在工程实践中履行责任。蓝鲸一号、大飞机、国产航母……一个个大国重器让国人自豪，世界赞叹。十多年来，我国科技事业发生了历史性、整体性、格局性重大变化，全球创新指数排名从2012年的第三十四位上升到2022年的第十一位，成功进入创新型国家行列。

爱迪生说过："天才是1%的灵感加上99%的汗水，但那1%的灵感是最重要的，甚至比那99%的汗水都重要"。创造力是可以通过实践来提高的，机械创新需要建立在机械设计理论和技术之上，掌握现有机械设计方法和扎实的工程实践技术，然后才能进行创新设计。很多时候，创新是对已有专业技术进行组合、分解和交叉，打破原有的思维定式，寻求新的解决途径。图 4-1 所示是爱因斯坦关于灵感产生机理的描述，直觉和灵感在创造性设计中起着十分重要的作用，其产生都是以勤奋、好学、积累和不懈追求为基础的。

图 4-1　爱因斯坦关于灵感产生机理的描述

创造力往往来源于专业学习和实践，在实际生活中或者设计过程中发现问题，从而想办法解决问题。提高创造力，要做到善于观察、勤于思考、乐于分析、敢于攻坚，当你抱定了做一件事的决心，灵感自然会适时光顾。

4.2　创　新　思　维

4.2.1　创新思维的作用

创新思维是一种特殊类型的思维，它强调产生新观点、想法和解决方案的能力，并在解决一个问题时，可以发挥主观能动性去激发想象力、培养观察力和提升解决问题的能力来推动创新，甚至使用反常规的方法、视角去解决问题，旨在打破传统思维的局限性，开拓新的思维空间。创新、创新思维以及创新活动的辩证关系如图 4-2 所示，创新的成功取决于创新思维；创新思维引导创新活动；创新活动为创新提供了必要的基础和支持。

图 4-2　创新、创新思维以及创新活动的辩证关系

没有创新就没有进步与发展，在人类认知世界的活动中，创新对社会的发展起到决定性的作用。创新思维是创新活动的核心与灵魂，也是人们从事创新活动的不竭动力。

创新活动又反作用于创新本身，通过不断进行创新活动，组织和个人可以不断探索新的想法和方法，从而促进创新的发生，同时，创新也推动着创新活动的进行。创新是对现有状态的改变和改进，它激发了人们对新的想法和实践的追求，促使人们积极参与创新活动，寻求更好的解决方案和更高的效益。

创新思维在不同领域都具有重要作用，可以促进科学、技术、艺术、商业和社会的发展。创新思维是一种非常灵活和开放的思考方式，它突破了传统思维模式，鼓励尝试新的方法和思考方式。创新思维强调以下几个关键要素。

1. 原创性及独创性

创新思维要求产生独特的观点和解决方案，而不是依赖于已有的思维模式。创造性思维是最基本也是最常见的创新思维类型，它强调产生独特、新颖的观点和解决方案，通过激发想象力、培养观察力和提升问题解决能力来推动创新。

2. 想象力及未来导向

创新思维通常涉及想象未来的可能性，思考超越当前现实的创意。想象力使创新者能够突破常规的思维限制，勇于尝试新的理念和可能性。未来导向性则意味着创新思维关注未来的发展潮流和需求，提前预测和洞察未来的变化，并为未来做出相应的准备和改变。想象力和未来导向性需要培养创新者的观察力、洞察力和前瞻性思维。

3. 风险承受

创新思维鼓励尝试新的想法和方法，即使存在失败的风险。创新思维需要具备风险承受力和试错精神。创新往往涉及不确定性和风险，创新者需要愿意去承担风险并接受失败的可能性。试错精神意味着创新者愿意尝试不同的方法和方向，并从失败中汲取经验教训，不断优化和改进创新的过程。

4. 跨学科

创新思维常常跨足不同领域，将不同领域的知识和概念结合起来，常常需要跨学科的合作和知识整合。创新问题往往复杂多样，涉及多个领域的知识和技能。创新者需要能够与不同背景的人合作，汇集各种专业知识和经验，形成综合性解决方案。跨学科合作可以促进不同领域之间的交流和互动，激发创新的火花。知识整合是将不同领域的知识有机地整合为创新的思维和方法，提升创新的质量和效果。

5. 敏感性

想要打破常规，突破思维的局限，应该采用敏感的思维去感知周围的世界。敏感的思维如同一把锐利的剑，能够割破常规思维的束缚，发现更多的可能性。建立自我反省和批判性思维，自我反省让人们能够清晰地认识到自己的不足和局限，从而有针对性地进行改进和提升。而批判性思维能让自身客观地看待问题，找到问题的根源和解决方案。

4.2.2　创新思维的类型

1. 设计思维

设计思维是一种以用户为中心的创新方法，倡导在创新过程中深入理解用户的需求和期望，通过观察、交流和协作等途径获取用户反馈，从而设计出符合用户需求的解决方案。设计思维注重用户体验和参与，关注产品和服务的人性化、易用性和情感连接。通过观察、访谈和洞察，设计者要全面了解用户的真实需求，并将其作为设计的出发点。设计思维通常包括以下几个关键步骤。

（1）定义问题　在理解用户需求的基础上，将用户需求转化为具体的问题陈述，明确需要解决的挑战。

（2）创造性思考　设计思维鼓励设计者进行创造性的思考，通过大胆提出各种可能的解决方案，包括非传统的和非常规的想法，强调开放的思维和集体的合作。

（3）方案展示　通过制作简单的设计实物模型或三维模型，设计者可以更好地介绍和演示设计方案，从而获得反馈和改进的机会。

（4）测试和迭代　通过与用户进行反馈交流，设计者可以了解他们的反应和需求，并进行相应的改进和优化。

2. 开放式思维

（1）外部合作与资源共享　开放式创新是一种鼓励与外部合作的创新方式。通过与外界分享知识、经验和资源，获得更多的创新机会和资源支持，从而加速创新的过程。开放式创新倡导合作和共享，促进了跨单位、跨领域的创新合作。

（2）开放式创新的优势和挑战　开放式创新的优势在于可以借鉴和吸收外界的创新成果和资源，加快创新的速度和效果，降低创新的风险。然而，开放式创新也面临着知识保护、合作关系管理和创新成果共享等挑战，需要建立良好的合作机制和知识产权保护体系。

3. 逆向思维

逆向思维是一种反向思考的方法，鼓励逆向思考问题，从相反的角度进行思考。逆向思维的核心理念是跳出常规思维框架，从相反的角度去思考。这种思考方式有助于发现问题的根本原因，并对问题进行深入剖析。

4.3　创新构思方法

4.3.1　头脑风暴法

头脑风暴法又称为脑力激荡法、自由思考法、智力激荡法等，在头脑风暴法中分别有直接头脑风暴法和反向头脑风暴法两种。直接头脑风暴法是在专家头脑决策中尽可能地激发创造性，想出尽可能多的设想和方法；而反向头脑风暴法是对前者提出的诸多方法进行质疑，思考其在现实决策中的可行性。采用头脑风暴法进行思考的时候，应将专家们集中起来以专题会议的形式发表意见，主持人对所有参与者提出问题并阐明需要解决的方向，说明讨论的规则，保证会议能有效沟通。为了保持与会者的自由气氛，主持人基本上不发表自己的主观意见，让专家尽可能多地提出关于问题的解决方案。

头脑风暴法有非结构化和结构化两种，两者的优缺点见表 4-3。

非结构化头脑风暴法也被称之为"自由滚动式"头脑风暴法，在这种会议中强调参与者能自由地提出见解和意见，鼓励成员思考出更多的想法，直至没有新想法产生。

结构化的头脑风暴法是由一个主持人进行主持，团队成员依次提出自己的见解，每个人一次只能提一个建议，直到没有新想法的时候，将所有提出的想法写在黑板上。还可以要求参会人员将自己的想法写在卡片上，时间到的时候将匿名卡片上的内容写在黑板上。

表 4-3　非结构化和结构化头脑风暴法的优缺点

类型	优点	缺点
非结构头脑风暴法	1. 想法自然 2. 创新性、创造性十足 3. 可以借鉴他人的想法 4. 节奏快	1. 去中心化 2. 性格内向的成员不爱参与讨论自由散漫
结构化头脑风暴法	1. 不会由某个人或某些人主导 2. 强迫参与 3. 容易主持 4. 成员思考充分	1. 节奏慢 2. 在他人基础上无法发挥 3. 失去团体性

1. 头脑风暴法的流程

1）确定要讨论的问题，由主持人确定此次会议的目的和目标，介绍将讨论的问题，解释清楚针对问题的所有疑问，并将问题和题目写在黑板上。

2）组织人员并宣布主题，确定使用结构化的会议形式还是非结构化的会议形式，并向团队成员介绍会议的基本规则。

3）头脑风暴。小组成员提出见解，指定其中一个人或者主持人在黑板上进行记录，鼓励成员自由提出见解。

4）整理问题并且找出重点的问题。

5）会后评价。主持人从鉴别的视角和与会者进行讨论，并且对他人的想法进行评价，当所有人都无法提出新的想法的时候，主持人可以采用提问的方式提出更多的想法。

2. 头脑风暴法的变种方法

头脑风暴法有多种变种方法，包括循环头脑风暴法、疯狂头脑风暴法、双重逆转法、星爆法等。

（1）循环头脑风暴法　循环头脑风暴法和非结构化的头脑风暴法相似，让每一个成员轮流地至少说出一个观点，循环进行。如果遇到这个人实在没有观点则跳过到下一个人，下一个人如果没有观点再次跳过，直到所有的人都没有观点为止。这种方法适用于一个小组成员中出现了某个有支配权的人，这种时候往往会限制其他成员的思维方式。但是，若某个小组没出现这种问题而强行使用这种方法，会出现成员有不耐烦的情绪以及限制创造力这种副作用。如果该方法可行，可以谁有观点谁就先说。

（2）疯狂头脑风暴法　在疯狂头脑风暴的过程中只允许产生令人无法容忍和不切实际的观点，在后续的讨论过程中团队成员再去讨论是否可以对这些想法进行修改，可否将其变为现实。这种方法适用于以下两种情况。

1）小组成员已经没有可以想到的方法，需要在穷尽的观点上再次产生新的观点。

2）小组成员缺乏想象力，需要充分激发每个人的创造力。

（3）双重逆转法　双重逆转法的基本思想是通过反向思考和逆转常规观念，从而激发新的想法和创新。它包括两个关键的逆转步骤。

1）逆向逆转（Reverse the Reverse）：将问题陈述或目标逆向表述，即将其完全颠倒过来。这种逆向思考可以帮助人们打破常规思维模式，发现新的可能性和解决方案。

2）逆转逆转（Reverse the Reverse of the Reverse）：对逆向表述的问题或目标再次进行逆转，使其回到正常的表述方式。这一步旨在将逆向思考的结果重新转化为可行的解决方案。

在实施这个方法的时候，让所有的成员去思考如何让问题变得更糟，或如何导致与期望相反的结果。在所有人思考之后，要求所有人说出自己的观点，并在一张纸上记录下最接近发言人的观点，并且不允许有任何其他的讨论。阅读每一个观点并将其反转过来，查看逆转过来的观点是否可以解决问题。

将逆向思考得到的方法进行反转得到正向的方法，通过这个双重逆转的过程，从一个负面的问题表述转化为一个积极的问题表述。

（4）星爆法　在使用星爆法时需要列出之前讨论过的观点，然后定义一个需要关注的问题，当组员说出待解决的问题时，将所有提出的问题进行记录。如果之前头脑风暴法产生的观点是这次需要关注的焦点，那么它将有助于统计之前讨论过的观点的数量，在每个问题后面写下相似的数量，并统计每个人所关注的焦点。这种方式适用于以下几种情况。

1）对之前头脑风暴法想出来的点子进行批判，发掘出潜在的问题。

2）在践行一个观点前进行充分讨论。

3）缩小可行方法的范围，在众多想法中提炼出最需要关注的内容。

4）对于用头脑风暴法初步得出的想法，以批判性的眼光去深入挖掘，以便发掘出其中隐藏的问题，识别出那些可能存在的瑕疵或不足，从而在进一步的开发和实施中避免走弯路，确保最终的方案具备更好的可行性和有效性。

5）在将某个观点付诸实践之前展开充分的讨论，有助于从不同的角度审视问题，集思广益，从而得出更为全面和深入的见解。有助于为后续的设计活动奠定坚实的共识基础。

6）在面对众多解决方案时，需要缩小可行的方法范围，从繁杂的想法中提炼出最为关键和值得关注的内容，识别出那些最具潜力和最符合实际情况的方案，从而提高解决问题的效率和质量。

4.3.2　综摄法

综摄法最初是指将不同领域、性格、研究方向的专家集中到一起，彼此根据自身的认知情况自由运用类比的方法进行创造性的工作，互相借鉴对方的思维，并站在不同的立场上解决问题。

综摄法的根本机制是在创造思维的过程中，强化潜意识的使用，并且有目的性地进行应用。综摄法的基本原理包括两部分：使陌生的事物变得熟悉、使熟悉的事物变得陌生。用综摄法思考问题时，研究者往往会感到束缚于某些问题上，但同时研究者又处于局外人角度的思考状态。这种思维的目的就是规避思维中的不成熟部分。综摄法的使用流程见表4-4。

表4-4　综摄法的使用流程

步骤	具体措施	注意事项
第一步	确定问题	作为研究前的准备工作,应当明确界定研究的范围。在确定了研究范围之后,有的放矢的进行研究
第二步	广泛收集资料	调查的范围包括文献、实验、调查报告等诸多方面,对得到的资料进行分类整理
第三步	分析资料	通过对资料进行统计分析、性质分析等,得到问题的初步解决方法
第四步	综合分析	在初步工作基础上进行进一步的分类、比较、归纳、演绎,得出更全面、更准确的结论
第五步	总结分析报告	注意研究的内容、方法及结果,确保总结科学性、全面性、准确性

综摄法中的类比法包括以下几种。

1. 拟人类比

在进行创造性的思维研究时，人们时常将被研究的对象拟人化。在机械设计的工作中，常常使用"拟人化"的思维方式，从人体构造出发联系到实际开发工作中，设身处地思考可以迸发出源源不断的思想火花。

2. 直接类比

贴近自然，贴近生活，从生活中已有的事物进行类比思考。例如，将汽车构造运用到汽艇上，将生活中运用的方法类比应用到其他领域。仿生设计就是其中一个典型的例子。仿生设计是指将生物学中的原理和结构应用于工程和产品设计中的方法。例如，通过类比蜘蛛丝的强度和韧性，科学家研发出轻巧且坚韧的绳索和纤维。仿生设计还被应用于建筑、交通工具、材料科学、航空航天等领域，改进了产品的性能和功能。在航空工程中，研究人员常常借鉴鸟类的飞行原理和结构，以改进飞机的设计和性能。通过类比鸟类的翅膀结构、翅膀振动频率等特征，工程师可以设计出更高效、更稳定的飞机翼形，提高飞行效率和减少阻力。

3. 象征类比

象征类比是指将某些抽象的概念和具有感性情感的思想应用于新的事物上。在创意设计领域，类比法常用于跨领域的创新。设计师可以从不同的行业、艺术形式或自然界中寻找灵感，并将其应用于自己的设计项目中。例如，产品外观设计可以类比自然界中的自然形态，将其转化为产品造型并用于外观设计中，以创造出独特的、符合大众审美的产品特点和风格。

4. 同类类比

在产品设计中，类比法可以用于快速建立设计思路。例如，设计一部新机器，可以类比与其相近的同类产品，通过分析实现功能的工作原理，在此基础上进行改进和创新。

4.3.3　设问探求法

1. 核检表法

核检表法也被称为"奥斯本核检表法"，旨在创造的时候，不将注意力局限在问题的某一方面，而是突破思维框架进行大胆的想象，借助已有的思维技巧进行移花接木、类比、组合、分割、大小转换、改型换代、颠倒顺序等，最终得到不同类型的答案。这种方法的特点便是根据目前需要解决的问题、需要开发的产品列出来需要思考的问题，一条一条进行检验，从而获得创造性的想法。由核检表总结成的标准检查表见表 4-5。

表 4-5　标准检查表

核验检查的方面	核验检查的具体情况
能否他用	1. 专利可以用在其他方面吗 2. 产品改进后在其他领域能否扩大应用 3. 现有的材料、技巧、方法有其他用途吗
能否改变	1. 可以改变物体的具象特征吗 2. 可以改变物体抽象维度吗
能否借用	1. 可以在他处取得经验吗 2. 有类似的事物吗 3. 现有的发明可以借鉴吗 4. 过去遇到过类似的问题吗
能否扩大	1. 可以增加功能吗 2. 可以增加尺寸吗 3. 可以提高频率吗 4. 可以添加新成分吗 5. 可以增加维度吗 6. 尺寸可以扩大吗
能否变小	1. 尺寸可以缩小吗 2. 可以减去某些零件吗 3. 可以更加省事、省时吗 4. 可以增加密度吗 5. 可以聚合、压缩吗 6. 可以分割吗 7. 可以减重吗

（续）

核验检查的方面	核验检查的具体情况
能否取代	1. 可以用其他材料、结构、设备、方法、符号、声音、地点替代吗 2. 可以利用原理吗 3. 可以采用别的成分吗
能否调整	1. 可以改变因果关系吗 2. 可以重新排列组合吗 3. 能改变空间、时间顺序及空间维度吗
能否颠倒	1. 事物内外、上下、前后、因果可以颠倒吗 2. 物体头尾、作用是否可以颠倒
能否组合	1. 物体的功能、形状、功能、原理、材料是否可以组合 2. 物体间是否可以配套、配合、合成、混合

2. 5W2H 分析法

5W2H 分析法又称为七问分析法，具有简单、方便，易理解、实用的优点，富有启发意义，广泛用于企业管理和技术活动，对于决策和执行活动非常有帮助，也有助于弥补考虑问题的疏漏。其本身是设问检查法的一种，本质上就是提出一些设问，针对实际工程情况逐项对照，以便从多个角度对思维进行补充，从而寻找更好的解决方案。爱因斯坦曾经说过："提出一个问题往往比解决一个问题更重要"。5W2H 法是一种问题分析和信息收集的方法，通常用于确定问题的关键要素和详细信息。每个问题都以英文单词表示，包括以下七个方面的问题，见表 4-6。

表 4-6　5W2H 分析法的问题

问题	作用
What（做什么）	这个问题用于确定问题或事件的本质是什么，它有助于明确问题的定义和范围
Why（为什么）	这个问题用于探讨问题发生的原因，它有助于理解问题的根本原因
Who（何人）	这个问题用于确定与问题相关的人员或团体，以及他们的角色和责任
Where（何地）	这个问题用于确定问题发生的地点或位置，它有助于界定问题的地理范围
When（何时）	这个问题用于确定问题发生的时间或时间段，它有助于确定问题的时间线
How（如何）	这个问题用于探讨问题的具体执行方式或方法，它有助于了解问题的操作细节
How much（多少）	这个问题用于确定问题中涉及的数量或度量，它有助于量化问题的某些方面

当使用 5W2H 法来分析问题或情况时，可以根据具体情景来提出相应的问题。以下是一些实际示例。

（1）在新产品研发阶段

What（做什么）：新产品的特性是什么？

Why（为什么）：为什么需要开发这个新产品？有什么市场需求或机会？

Who（何人）：何人将负责新产品的开发和推广？

Where（何地）：新产品将在哪些地区或市场推出？

When（何时）：新产品的上市时间是什么时候？

How（如何）：新产品的开发过程是怎样的？使用了哪些技术或方法？

How much（多少）：预计新产品的成本和定价是多少？

（2）在事件规划阶段

What（做什么）：活动的主题和内容是什么？

Why（为什么）：为什么要举办这个活动？活动的目的是什么？

Who（何人）：何人将参与活动？何人负责组织和执行活动？

Where（何地）：活动将在何处举行？有多个地点吗？

When（何时）：活动的日期和时间是什么时候？

How（如何）：活动的流程和安排是怎样的？需要哪些资源？

How much（多少）：活动的预算和费用是多少？

例如，要设计一款新型家用洗碗机，采用5W2H方法的一般过程如下。

1）思考"做什么"（What）。在这个案例中，需要设计一款新型家用洗碗机，满足高效、节能和易用的要求。

2）深入挖掘"为什么"（Why）。现代家庭越来越注重生活品质，而洗碗机可以大大减轻家庭成员的家务负担，提升生活效率。

3）"何人"（Who）的问题。目标用户是30~50岁的家庭主妇或家庭成员，他们在城市家庭中需要一款适应其厨房空间和布局的洗碗机。

4）"何地"（Where）也是一个关键因素。这款洗碗机需要在城市家庭中广泛使用，因此需要适应不同的厨房环境和布局。

5）"何时"（When）也是一个重要的考虑因素。例如，设计周期为3个月，3个月后某个节日推出这款洗碗机。

6）"如何"（How）去实现。在满足高效、节能和易用的要求下，可以考虑采用嵌入式或独立式设计，并使用高效的洗涤技术，如喷淋技术或超声波技术。同时，产品的易用性和安全性也是必须考虑的重要因素。

7）"多少"（How much）。例如，产品的成本需要在3000~5000元，定价则设定在4000~6000元。

4.3.4 联想创新法

联想创新法也称为联想组合创新法，这是一种行之有效的思考方法，其本质是通过借鉴不同的元素、问题、思维等进行相互关联和重新排列组合，从而开发新的解决方案。在此期间依据的是事物间的相互联系，这种联系可以是间接的也可以是直接的。

使用这种方式有利于破除旧的思维惯性，开发发散性思维和联想思维。联想法共分为四种方法，分别是组合法、焦点法、辐射法和信息交合法。

1. 组合法

该法是将两个元素组合在一起，可以是技术、工艺、产品、技巧方法等。组合出的结果如果能充分发挥二者的效应则称之为正效应，反之称为负效应。这两种元素组合时可以是其中一个附加在另外一个后面进行"串联"，也可以进行"并联"，抑或是用一个元素对另外第一个元素进行重组。如电话手表、电子黑板等。

创新设计在于其突破性思考和巧妙的设计结合，而机械创新设计则进一步强调了机械系统的设计和功能的创新。下面结合机械创新设计的例子，说明如何将两个不同的元素进行组合，以产生正效应。

假设要设计一种新型的自行车，不仅需要考虑自行车的结构稳定性、舒适性和效率，还可以考虑将智能传感器和机械系统结合在一起。传感器可以监测自行车的速度、踏频、骑行距离和消耗热量值等信息，并通过蓝牙将这些数据传输到用户的智能手机上。这样，用户就可以实时了解自己的骑行状态，并根据数据进行调整，提高骑行的效率和舒适度。

在这个创新的例子中，将传统的自行车链条和现代的智能传感器进行了组合。这种组合方式充分利用了两个元素的优点，产生了正效应。智能传感器的引入使得自行车不仅具有传统代步和锻炼功能，还增加了监测和传输数据的功能，为用户提供了更多的信息反馈和调整空间。通过分析骑行数据，用户可以更好地了解自己的骑行习惯和性能表现，从而进行有针对性的训练和改进。

2. 焦点法

研究者借鉴多个联想物的优点及特点对被研究的对象进行改进，从而发生"核聚变反应"。在使用这种方法时，被研究对象与联想对象的关系越疏远，结合出创新产品的可能性越高。例如：电热椅（椅子+电热毯）、办公室午休椅（椅子+床）、按摩椅（椅子+按摩器）。在设计和改进机械设备时，设计者可以从多个不同的机械系统中提取关键元素，然后将这些元素结合在一起，创造出一种全新的机械设备。

3. 辐射法

研究者在进行发明创造的时候，根据一个已有的物体进行联想，这时采用的是发散的思维，其适用的情况属于新产品、技术的应用开发。

辐射法的典型案例是，将纸和各种日用品联想起来从而产生多种一次性日用品。例如，人们使用一次性纸杯来喝水或其他饮料，由于它的价格便宜、使用方便，一次性纸杯已成为日常生活中常见的用品；人们用纸巾来擦干手或清洁物品，由于它的方便性和易携带性，一次性纸巾已成为家庭和外出时的必备品；在超市购物时，人们可以使用纸袋来装载购买的商品，由于它的价格便宜和易得性，一次性纸袋已成为环保人士替代塑料袋的选择。

4. 信息交互法

根据市场上的供求情况，将许多产品信息结合起来形成信息矩阵。信息矩阵的构建，可以帮助设计者更好地理解市场供求关系，从而为产品定价提供有力支持。构建信息矩阵的关键在于搜集和整理各类产品相关的信息，这些信息包括但不限于生产成本、市场需求、竞争对手价格、政策法规等。通过对这些信息进行梳理和分析，可以得出每个产品的相对价值，进而形成信息矩阵。

例如，设计一款新型产品时，首先可以根据市场上同类型产品的销售情况，形成产品的信息矩阵。通过分析这些信息，可以了解该类型产品的市场需求、消费者偏好以及竞争对手的产品特点等。在此基础上，设计者可以更加明确地了解产品的市场定位和目标客户群体，从而为新产品的设计提供更加精准的指导。

此外，信息矩阵还可以用于评估新产品的市场前景和潜在风险。通过对市场供求关系、政策法规、技术发展趋势等因素进行综合分析，可以预测新产品的市场表现和潜在风险，从而为企业的投资决策提供有力支持。通过对信息交互能够全面分析产品间的优劣，提高定价决策的准确性，及时调整定价策略，以适应市场变化。

4.4　创新设计构思举例

机械创新设计需要萌生创意，创意是创造意识或创新意识的简称，是指对现实存在事物的理解以及认知，所衍生出的一种新的抽象思维和行为潜能。创意的萌生是人类在认知和理解世界的基础上，萌发的创造性灵感，是人类大脑活动功能之一。看起来的突发奇想，其实是一个复杂的过程，需要设计者前期对感官信息的收集、整合、分析、处理，才能形成有意义的创意。在寻求灵感的过程中，机械创新设计的创意产生可以由多种思维途径获得。

4.4.1　综摄法应用举例

运用综摄法中的象征类比，从抽象图形到具体设计。运用想象力和形象思维，通过感官对客观事物的感知和模拟，形成对事物的认知。在确定设计任务的初期，根据个人脑海中的信息和知识储备，尝试构建所要设计产品的整体框架，往往这种图形或者抽象化的思维，能够产生独特的、富有创意的想法和方案。锻炼自己的抽象思维能力，将复杂的问题简化为易于理解的图像；充分利用联想和想象，将不同领域的知识、经验和元素融合在一起，创造出独特的设计作品；保持开放的心态，勇于尝试新的设计方法和思路；在设计中不断突破自我，创造出更具创意的作品。

图 4-3 所示为家居服务机器人创意诞生过程。初期学生通过联想构思了铁蛋的雏形，在此基础之上考虑具体功能时，增加了可自由行走的底盘、能够抓取物品的机械手臂、保管重要物品的可伸缩收纳箱，最后确定了该机器人主体设计方案。后又增加了摄像头远程监控、红外感应式照明等功能，并完成了样机制作。利用无线网络远程监控家中情况，内置的全自动储物盒不仅可以存储易忘物品，而且可以在设定的时间自动打开，提醒老人按时服药等重要事件。

79

铁蛋

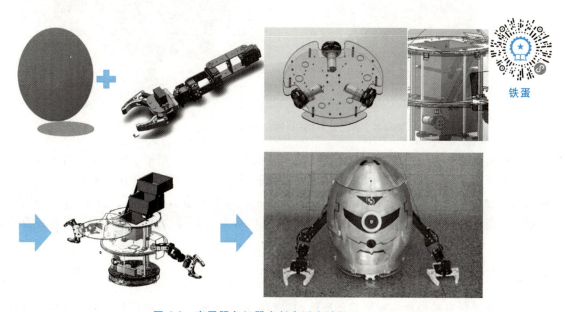

图 4-3　家居服务机器人创意诞生过程

4.4.2 联想创新法应用举例

运用联想创新法中的焦点法，逐步推导可行方案。以小型草方格-黑枸杞种植车为例，在该设计中要实现的功能是草方格自动化种植，首先要了解草方格沙障的防风固沙方法，即采用麦草、稻草、芦苇等干草材料在沙漠中扎成方格形状。常用的草方格为 1m×1m 方格，10~20cm 高的草方格具有较好的防沙效果，种植草方格需要人力用铁铲将干草压入沙土中。为了代替人力种植，将"铁铲+行走小车"进行组合，设计了一台沙漠生态治理的小型种植车，如图 4-4 所示。

学生通过分析草方格种植过程压草的动作，明确了需要实现往复直线运动，故选择曲柄滑块机构作为压草装置。曲柄在电动机的带动下进行旋转，通过改变曲柄或连杆的长度可以使压铲调整至合理的压草深度。压铲向下压草过程中弹簧储能，当压铲到达最低点后弹簧释放辅助压铲上升，保证曲柄滑块机构能够持续地运行。干草预先编织成草席卷到滚筒上，车体前行过程中，可以带动草席自然铺设在指定位置。

图 4-4　小型草方格-黑枸杞种植车创意诞生过程

在此基础之上，进一步考虑到黑枸杞适应性很强，耐高温、耐寒、耐干旱，对土壤没有严格的要求，只要光照充足，就能健康成长，故利用草方格内部区域种植黑枸杞。在草方格铺设的过程中，完成枸杞的种植。针对枸杞的种植，又分别设计了挖沟、播种、拨土机构。考虑到沙漠地区日光充裕，在种植车上部安装光伏板进行储能，从而又达到了节省能源的目的。

4.4.3　仿生设计举例

在综摄法的直接类比法和联想创新法的辐射法中都体现了仿生的设计思维。仿生思维是模仿大自然的生态系统、回归自然的设计思维。自古以来，自然界就是人类各种技术思想、工程原理及重大发明的源泉。例如，现代的飞机、极地越野汽车、雷达系统的电子蛙眼、航海的声呐系统、航空建造工程的蜂窝结构等，都是仿生的结晶。

学生通过调研了解到人工高空清洁作业具有危险系数高、清洁速度慢、效率低等问题，聚焦蜘蛛的攀爬能力进行仿生设计，设计了自动清洁玻璃的仿生蜘蛛机器人，图 4-5 和图 4-6 所示分别为仿生蜘蛛机器人腿部模型和实物图。仿照蜘蛛的形态，采用舵机驱动机器人腿部各个关节实现行走，利用多足末端的吸盘，将机器人稳固吸附于玻璃上，通过气泵的切换，实现吸附和爬行自由切换，行走中可跨越障碍。机器人底部通过电动机驱动清洁盘旋转，控制水泵喷水，使得机器人在攀爬行走过程中进行自动清洁。仿生蜘蛛机器人具有较强的机动性和适应不平地面的能力，可满足军事侦察、资源探勘以及抢险救灾等多种用途需求。

图 4-5　仿生蜘蛛机器人腿部模型

图 4-6　仿生蜘蛛机器人实物图

第 5 章 机械创新设计方法与实例

苟日新，日日新，又日新。

——《礼记·大学》

第5章

机械创新设计方法与实例

机械设计早期依赖于个人经验、估算、试错以及手工绘图，后来开始采用系统化设计方法和计算机辅助工具，包括计算机辅助设计（CAD）、有限元分析、优化设计、可靠性设计、公理设计等，现代设计已经进入人工智能和大数据技术的系统化创新设计阶段。典型现代设计理论与方法见表 5-1。

表 5-1　典型现代设计理论与方法

设计理论	设计方法
基于经验和计算的设计求解方法	可靠性设计、优化设计、疲劳设计、稳健设计、摩擦学设计等
基于计算机图学、数值模拟的设计求解方法	CAD/CAE、虚拟现实设计、增强现实设计、有限元法等
基于知识推理与机器学习的设计求解方法	智能设计、设计专家系统、人工神经元计算、可拓学设计、TRIZ 等
基于新理念的设计求解方法	并行设计、模块化设计、轻量化设计、动态设计、协同设计、绿色设计、工业设计、人机工程设计等

5.1　TRIZ 与创新设计

5.1.1　TRIZ 理论

TRIZ（Teoriya Resheniya Izobreatatelskikh Zadatch，发明问题的解决理论），是由苏联科学家 G. S. 阿奇舒勒和他的研究团队，于 1946 年到 1985 年研究的一套创新问题解决理论体系。TRIZ 是对数以百万计的专利文献和自然科学知识进行研究、整理和归纳，最终建立起的一整套用来指导人们发明创造的系统化的、实用的、解决发明问题的理论和方法体系。TRIZ 理论认为，创新能力是可以通过学习和训练来提高的，并且提出了相应的创新思维方法和工具。这些方法和工具可以帮助人们更高效地解决实际工程和科学研究中的问题，提高创新能力。

TRIZ 理论体系包括 TRIZ 的基本理论和解题工具，包括以辩证法、系统论、认识论为理论指导，以自然科学、系统科学和思维科学为科学支撑，以技术系统进化法则为理论主干，以技术系统、矛盾、资源、最终理想解为基本概念，以解决工程技术问题和复杂发明问题所需的各种问题分析工具、问题求解工具和解题流程。图 5-1 所示为 TRIZ 的理论体系框架。

TRIZ 理论包括九大经典理论体系：①技术系统八大进化法则；②最终理想解；③40 个发明原理；④39 个工程参数及矛盾矩阵；⑤物理矛盾和四大分离原理；⑥物−场模型；⑦发明问题的标准解法；⑧发明问题解决算法（ARIZ）；⑨科学效应和现象知识库。

辩证法+系统论+认识论

系统科学	技术系统进化法则				思维科学	理论基础
	技术系统/技术过程	矛盾	资源	理想化		基本概念
	物-场分析	价值分析	矛盾分析	资源分析	创新思维开发方法	问题分析工具
	发明问题标准解法	科学原理知识库	技术矛盾创新原理	物理矛盾分离方法		问题求解工具
	发明问题解决算法					解题流程
	专利分析					理论来源
自然科学						

图 5-1　TRIZ 的理论体系框架

1. 发明创造的等级

在 TRIZ 理论中，将发明划分为五个等级，见表 5-2。

表 5-2　发明的五个等级

发明级别	创新形式	创新程度	知识来源	试错法尝试	比例/%
第一级	对系统中个别零件进行简单改进	常规设计	利用本行业中本专业的知识	<10	32
第二级	对系统的局部进行改进	小发明	利用本行业中不同专业的知识	10~100	45
第三级	对系统进行本质性的改进，大大提升了系统的性能	中级发明	利用其他行业中本专业的知识	100~1000	18
第四级	系统被完全改变，全面升级了现有技术系统	大发明	利用其他科学领域中的知识	1000~10000	4
第五级	催生了全新的技术系统，推动了全球的科技进步	重大发明	所用知识不在已知的科学范围内，是通过发现新的科学现象或新物质来建立全新的技术系统	>10000	<1

在以上五个级别的发明中，第一级发明只是对现有系统的改善，并没有解决技术系统中的任何矛盾，不属于创新；第二级和第三级发明解决了矛盾，可以看作是创新；第四级发明也改善了一个技术系统，但并不是解决现有的技术问题，而是用某种新技术代替原有技术来解决问题；第五级发明是利用科学领域发现的新原理、新现象推动现有技术系统达到一个更高的水平。TRIZ 是在分析第二级、第三级和第四级发明专利的基础上归纳、总结出来的规律。因此，利用 TRIZ 能帮助工程技术人员解决第一级到第四级的发明问题，而第五级的发明无法利用 TRIZ 来解决。利用 TRIZ 方法可以将发明的级别提高到第三级和第四级水平。

2. 技术系统进化法则

（1）技术系统　技术系统是 TRIZ 最重要的基础概念。TRIZ 的原理、法则、模型、矛盾、进化、理想程度等内容都是围绕技术系统展开的。

实现某个功能的事物称为技术系统。一个技术系统可以包含一个或多个执行自身功能的子系统，子系统又可以分为更小的子系统，一直分解到由元件和操作构成的系统。对于一个技术系统，由于研究的需要也可以将其视为更大环境下的子系统，系统的更高级系统称为超系统。

（2）技术系统的进化 一个技术系统的进化要经历婴儿期、成长期、成熟期、衰退期四个阶段，见表5-3。

表5-3 技术系统的进化阶段

阶段	技术系统发展	特征
婴儿期	能提供一些前所未有的功能或技术性能的改进；技术系统本身还存在着效率低，可靠性差等一系列待解决的问题	由于大多数人对系统的未来发展缺少信心，对人力物力投入不足，这一阶段系统的发展十分缓慢
成长期	技术系统中存在的各种问题被逐一解决，效率和性能都有很大程度的提高	由于技术系统的市场前景被看好，能吸引更多的投资
成熟期	随着大量人力和财力的不断投入，技术系统日趋完善，性能水平达到最高	产品边际收益已经下滑，只能依靠规模来取得收益.
衰退期	技术系统的各项技术已经发展到极限，技术系统可能不再有更大的需求，或者即将被新开发出来的技术系统所取代	新的技术系统将开始呈现在世人面前

3. 发明原理

发明原理是在研究专利的基础之上产生的，这是它与其他一些传统方法的区别，因而更具实用性和有效性，比较容易学习和掌握，实际使用频率也最高。

40个发明原理及编号见表5-4，具体说明及举例见表5-5。

表5-4 40个发明原理及编号

编号	发明原理	编号	发明原理	编号	发明原理	编号	发明原理
01	分割	11	预先防范	21	缩短有害作用	31	多孔材料
02	提炼（分离）	12	等势	22	变害为利	32	改变颜色
03	改变局部	13	逆向作用	23	反馈	33	同质性
04	不对称	14	曲面化	24	中介物	34	抛弃与修复
05	组合	15	动态化	25	自服务	35	改变物理或化学参数
06	多用性	16	近似化	26	复制	36	相变
07	嵌套	17	多维化	27	廉价替代品	37	热膨胀
08	质量补偿	18	机械振动	28	替代机械系统	38	加速氧化
09	预先反作用	19	周期性作用	29	用气体或液体	39	惰性环境
10	预先作用	20	利用有效作用	30	柔性壳体或薄膜	40	复合材料

表5-5 发明原理说明及举例

编号	名称	说明	示例
01	分割	（1）把一个物体分成相互独立的部分 （2）把物体分成容易组装和拆卸的部分 （3）提高物体的可分性	活字印刷；组合音响；组合式家具；模块化计算机组件；可折叠木尺；活动百叶窗帘；铧式犁；快接消防水管；木芯板
02	提炼（分离）	（1）从物体中提炼产生负面影响（即干扰）的部分或属性 （2）从物体中提炼必要的部分或属性	炼油中生产沥青；屠宰场废水中提炼动物油脂生产生物柴油

编号	名称	说明	示例
03	改变局部	(1)将均匀的物体结构、外部环境或作用改变为不均匀的 (2)让物体不同的部分承担不同的功能 (3)让物体的每个部分处于各自动作的最佳位置	将恒定的系统温度、湿度等改为变化的；瑞士军刀；多格餐盒；带起钉器的榔头
04	不对称	(1)将对称物体变为不对称 (2)已经是不对称的物体，增强其不对称的程度	电源插头的接地线与其他线的几何形状不同；为改善密封性，将O形密封圈的截面由圆形改为椭圆形；为抵抗外来冲击，使轮胎一侧强度大于另一侧
05	组合	(1)在空间上将相同或相近的物体或操作加以组合 (2)在时间上将相关的物体或操作合并	并行计算机的多个CPU；冷热水混水器；单缸洗衣机
06	多用性	使物体具有复合功能以替代其他物体的功能	工具车上的后排座可以坐，靠背放倒后可以躺，折叠起来可以装货；多用木工机床
07	嵌套	(1)把一个物体嵌入第二个物体，然后把这两个物体再嵌入第三个物体…… (2)让一个物体穿过另一个物体的空腔	椅子可以一个个折叠起来以利于存放；超市的购物车；活动铅笔里存放笔芯；伸缩式天线
08	质量补偿	(1)将某一物体与另一能提供上升力的物体组合，以补偿其质量 (2)通过与环境的相互作用(利用空气动力、流体动力、浮力等)实现质量补偿	用氢气球悬挂广告条幅；赛车上增加后翼以增大车辆的贴地力；船舶在水中的浮力
09	预先反作用	(1)预先施加反作用，用来消除不利影响 (2)如果一个物体处于或将处于受拉伸状态，预先施加压力	给木材刷渗透漆以阻止腐烂；预应力混凝土；预应力轴；带传动的预紧力
10	预先作用	(1)预置必要的动作、功能 (2)把物体预先放置在一个合适的位置上，让其能及时地发挥作用而不浪费时间	不干胶粘贴；方便面；方便米饭；建筑内通道里安置的灭火器；机床上使用的莫氏锥柄
11	预先防范	采用预先准备好的应急措施、补偿系统，以提高其可靠性	商品上加上磁性条来防盗；备用降落伞；汽车安全气囊
12	等势	在势场内避免位置的改变，如在重力场内，改变物体的工况，减少物体上升或下降的需要	汽车维修工人利用维护槽更换机油；可免用起重设备
13	逆向作用	(1)用与原来相反的动作达到相同的目的 (2)让物体可动部分不动，而让不动部分可动 (3)让物体(或过程)倒过来	采用冷却内层而不是加热外层的方法使嵌套的两个物体分开；跑步机；研磨物体时振动物体
14	曲面化	(1)用曲线或曲面替换直线或平面，用球体替代立方体 (2)使用圆柱体、球体或螺旋体 (3)利用离心力，用旋转运动来代替直线运动	两个表面之间的圆角；计算机鼠标；用一个球体来传输 X 和 Y 两个轴方向的运动；甩干洗衣机
15	动态化	(1)在物体变化的每个阶段让物体或其环境自动调整到最优状态 (2)把物体的结构分成既可变化又可相互配合的若干组成部分 (3)使不动的物体可动或自适应	记忆合金；可以灵活转动灯头的手电筒；折叠椅；活动扳手；可弯曲的饮用软管；车用轮胎

（续）

编号	名称	说明	示例
16	近似化	如果效果不能100%地达到,稍微超过或小于预期效果,会使问题简化	要让金属粉末均匀地充满一个容器,就让一系列漏斗排列在一起以达到近似均匀的效果
17	多维化	(1)将一维变为多维 (2)将单层变为多层 (3)将物体倾斜或侧向放置 (4)利用给定表面的反面	螺旋楼梯;多碟CD机;自动卸载车斗;刨花板;纤维板;超市货架;电路板双面安装电子器件
18	机械振动	(1)使物体振动 (2)提高振动频率,甚至达到超声区 (3)将物体倾斜或侧向放置 (4)利用给定表面的反面	砂型铸造时通过振动铸模来提高型砂的填充效果;超声波清洗;用超声刀代替手术刀;石英钟;路面夯实机;振动传输带
19	周期性作用	(1)变持续性作用为周期性(脉冲)作用 (2)如果作用已经是周期性的,就改变其频率 (3)在脉冲中嵌套其他作用以达到其他效果	冲击钻;用冲击扳手拧松一个锈蚀的螺母时,就要用脉冲力而不是持续力;脉冲闪烁报警灯比其他方式更有效
20	利用有效作用	(1)对一个物体所有部分施加持续有效的作用 (2)消除空闲和间歇性作用	带有切削刃的钻头可以进行正反向的切削;打印机打印头在来回运动时都打印
21	缩短有害作用	在高速中施加有害或危险的动作	在切断管壁很薄的塑料管时,为防止塑料管变形就要使用极高速运动的切割刀具,在塑料管未变形之前完成切割
22	变害为利	(1)利用有害因素,得到有利的结果 (2)将有害因素相结合,消除有害结果 (3)增大有害因素的幅度直至有害性消失	废物回收利用;用高频电流加热金属时,只有外层金属被加热,可用于表面热处理;风力灭火机
23	反馈	(1)引入反馈 (2)若已有反馈,改变其大小或作用	闭环自动控制系统,改变系统的灵敏度
24	中介物	(1)使用中介物实现所需动作 (2)临时与一个物体或一个易去除物体结合	机加工钻孔时用于为钻头定位的导套;在化学反应中加入催化剂
25	自服务	(1)使物体具有自补充和自恢复功能 (2)利用废弃物和剩余能量	电焊枪使用时,焊条自动进给;利用火力发电厂的废蒸汽进行蒸汽取暖;秸秆气化炉;沼气
26	复制	(1)使用简单、廉价的复制品来代替复杂、昂贵、易损、不易获得的物体 (2)用图像替换物体,并可进行放大和缩小 (3)用红外或紫外光去替换可见光	模拟汽车、飞机驾驶训练装置;测量高的物体时可以用测量其影子的方法;图像处理;卫星遥感;红外夜视仪
27	廉价替代品	用廉价、可丢弃的物体替换昂贵的物体	一次性餐具,打火机
28	替代机械系统	(1)用声学、光学、嗅觉系统替换机械系统 (2)使用与物体作用的电场、磁场或电磁场 (3)用动态场替代静态场,用确定场替代随机场 (4)利用铁磁粒子和作用场	机、光、电一体化系统;电磁门禁;磁流体;超声探伤;激光加工;磁悬浮列车

（续）

编号	名称	说明	示例
29	用气体或液体	用气体或液体替换物体的固体部分	在运输易碎产品时使用充气材料；车辆液压悬挂，物料风选
30	柔性壳体或薄膜	(1)用柔性壳体或薄片来替代传统结构 (2)用柔性壳体或薄片把物体从其环境中隔离开	广告飞艇；为防止水从植物的叶片上蒸发，在叶片上喷涂聚乙烯材料，凝固后在叶片上形成一层保护膜；水果打蜡保鲜
31	多孔材料	(1)使物体多孔或加入多孔物体 (2)利用物体的多孔结构引入有用的物质和功能	在物体上钻孔减轻质量；吸水海绵
32	改变颜色	(1)改变物体或其环境的颜色 (2)改变物体或其环境的透明度和可视性 (3)在难以看清的物体中使用有色添加剂或发光物质 (4)通过辐射加热改变物体的热辐射性	透明绷带可以不打开绷带而检查伤口；变色眼镜；医学造影检查；太阳能收集装置；太阳膜；汽油及其他无色液体的识别
33	同质性	主要物体及其相互作用的物体使用相同或相近的材料	使用化学特性相近的材料防止腐蚀
34	抛弃与修复	(1)采用溶解、蒸发、抛弃等手段废弃已完成功能的物体，或在过程中使之变化 (2)在工作过程中迅速补充消耗掉的部分	子弹弹壳；火箭助推器；可溶药物胶囊；自动铅笔；轮胎
35	改变物理或化学参数	(1)改变物体的物理状态 (2)改变物体的浓度、黏度 (3)改变物体的柔性 (4)改变物体的温度或体积等参数	制作酒心巧克力；液体肥皂和固体肥皂；连接脆性材料的螺钉需要弹性垫圈
36	相变	利用物体相变时产生的效应	使用把水凝固成冰的方法爆破
37	热膨胀	(1)使用热膨胀和热收缩材料 (2)组合使用不同热膨胀系数的材料	装配过盈配合的孔轴；热继电器；记忆金属
38	加速氧化	(1)用压缩空气来替换普通空气 (2)用纯氧替换压缩空气 (3)将空气或氧气用电离辐射进行处理 (4)使用臭氧	潜水用压缩空气，利用氧气取代空气送入高炉内以获取更多热量；发动机增压
39	惰性环境	(1)用惰性环境来替换普通环境 (2)在物体中添加惰性或中性添加剂 (3)使用真空	为防止棉花在仓库中着火，向仓库中充满惰性气体；食品真空包装；白炽灯泡
40	复合材料	用复合材料来替换单一材料	军用飞机机翼使用塑料和碳纤维组成的复合材料，合金

学习并熟练掌握40个发明原理，对于解决科研、生产和生活中的各种问题，有着重要的启示作用和巨大的促进作用。而发明原理要发挥最大效用，必须与通用工程参数组成的矛盾矩阵结合起来。

4. 工程参数与39×39矛盾矩阵

39个工程参数见表5-6，其中运动物体是指自身或借助于外力可在一定的空间内运动的物体。静止物体是指自身或借助于外力都不能使其在空间内运动的物体。

工程中存在大量工程参数，每个行业、领域都有很多工程参数，通用工程参数的分类见表5-7。

表 5-6　通用工程参数的意义

序号	参数名称	意义
1	运动物体的质量	在重力场中运动物体所受到的重力
2	静止物体的质量	在重力场中静止物体所受到的重力
3	运动物体的长度	运动物体的任意线性尺寸,不一定是最长的,都认为是其长度
4	静止物体的长度	静止物体的任意线性尺寸,不一定是最长的,都认为是其长度
5	运动物体的面积	运动物体内部或外部所具有的表面或部分表面的面积
6	静止物体的面积	静止物体内部或外部所具有的表面或部分表面的面积
7	运动物体的体积	运动物体所占有的空间体积
8	静止物体的体积	静止物体所占有的空间体积
9	速度	物体的运动速度,运动过程或位移与时间之比
10	力	力是两个系统之间的相互作用,对于牛顿力学,力等于质量与加速度之积,在 TRIZ 中,力是试图改变物体状态的任何作用
11	应力或压力	单位面积上的力
12	形状	物体外部轮廓或系统的外貌
13	结构的稳定性	结构的稳定性、系统的完整性及系统组成部分之间的关系;磨损、化学分解及拆卸都降低稳定性
14	强度	强度是指物体抵抗外力作用使之变形的能力
15	运动物体作用时间	运动物体完成规定动作的时间、服务期;两次误动作之间的时间也是作用时间的一种度量
16	静止物体作用时间	静止物体完成规定动作的时间、服务期;两次误动作之间的时间也是作用时间的一种度量
17	温度	物体或系统所处的热状态,包括其他热参数,如影响、改变温度变化速度的热容量
18	光照度	单位面积上的光通量,系统的光照特性,如亮度、光线质量
19	运动物体的能量	能量是物体做功的一种度量,在经典力学中,能量等于力与距离的乘积,能量也包括电能、热能及核能等
20	静止物体的能量	能量是物体做功的一种度量,在经典力学中,能量等于力与距离的乘积,能量也包括电能、热能及核能等
21	功率	单位时间内所做的功,即利用能量的速度
22	能量损失	指能量的损失,为了减少能量损失,需要不同的技术来改善能量的利用
23	物质损失	部分或全部、永久或临时的材料、部件或子系统等物质的损失
24	信息损失	部分或全部、永久或临时的数据损失
25	时间损失	时间是指一项活动所延续的时间间隔,改进时间的损失是指减少一项活动所花费的时间
26	物质或事物的数量	指材料、部件及子系统等的数量,它们可以部分或全部、临时或永久地被改变
27	可靠性	指系统在规定的方法及状态下完成规定功能的能力
28	测试精度	指系统特征的实测值与实际值之间的误差,减少误差可提高测试精度
29	制造精度	指系统或物体的实际性能与所需性能之间的误差
30	物体对外部有害因素作用的敏感性	指物体对受外部或环境中的有害因素作用的敏感程度

（续）

序号	参数名称	意义
31	物体产生的有害因素	有害因素将降低物体或系统的效率或完成功能的质量,这些有害因素是由物体或系统操作的一部分产生的
32	可制造性	指物体或系统制造过程中简单、方便的程度
33	可操作性	要完成的操作应需要较少的操作者、较少的步骤,以及使用尽可能简单的工具;一个操作的产出要尽可能多
34	可维修性	对于系统可能出现的失误所进行的维修要时间短、方便和简单
35	适应性及多用性	指物体或系统响应外部变化的能力,或应用于不同条件下的能力
36	装置的复杂性	指系统中元件数目及多样性。如果用户也是系统中的元素,将增加系统的复杂性;掌握系统的难易程度也是其复杂性的一种度量
37	监控与测试的困难程度	如果一个系统复杂、成本高,需要较长的时间建造及使用,或部件与部件之间关系复杂,都使得系统的监控与测试变得困难;测试精度高,增加了测试的成本也是测试困难程度的一种标志
38	自动化程度	是指系统或物体在无人操作的情况下完成任务的能力。自动化程度的最低级别是完全人工操作;最高级别是机器能自动感知所需的操作,自动编程和对操作自动监控;中等级别是需要人工编程,人工观察正在进行的操作,改变正在进行的操作及重新编程
39	生产率	是指单位时间内所完成的功能或操作数

表 5-7　通用工程参数的分类

参数类型	内容
几何参数	长度、面积、体积、形状
物理参数	质量、速度、力、应力/压强、温度、光照度
系统参数	作用于物体的有害因素、物体产生的有害因素
功率参数	物体的能量消耗、功率
技术参数	作用时间、稳定性、可靠性、强度、适用性及通用性、可制造性/可操作性/可维护性、制造精度、系统的复杂度、自动化程度、生产率
与测量有关的参数	检测的复杂度、测量精度
损失参数	能量损失、物质损失、信息损失、时间损失

　　将通用工程参数与发明原理有机地联系起来,创建矛盾矩阵作为解决技术矛盾的工具。矛盾矩阵中,纵轴上的参数代表被改进的参数,横轴上的参数表示被恶化的参数。创新的过程就是消除这些矛盾,让相互矛盾的两个通用工程参数不再相互制约,能同时改善,从而推动产品向提高理想度方向发展。

　　用矛盾矩阵解决技术矛盾主要包含两个过程。

　　（1）从具体到一般　将具体问题转化为利用通用工程参数描述的技术矛盾,即改善的一方与恶化的一方的表达,然后根据矛盾矩阵找出对应发明原理的编号。

　　（2）从一般到具体　根据已找到的发明原理,结合专业知识,转换成具体的实际问题的可行方案。一般情况下,解决某技术矛盾的发明原理不止一个,应该对每一个相应的原理进行解决技术矛盾的尝试。

过程（2）是从一般到具体的过程。首先可将选定的发明原理与研究对象的矛盾内容发生关联，进行逻辑分析。这中间也需要非逻辑思维，如联想、想象、直觉、灵感等，这个过程有时会显得很困难，不能很快确立解决问题的方案。

如果没有取得较好的解决方案，就要考虑初始构思的技术矛盾是否真正表达了问题的本质，是否真正是针对问题创新改进的方向。如未实现，应重新设定技术矛盾，并重复过程（2）工作。

5. 物理矛盾与分离原理

物理矛盾是指为了实现某种功能，一个子系统或元件应具有的某种特性，但该特性出现的同时会产生与此相反的不利或有害的后果。

物理矛盾一般有两种表现：一是系统中有害性能降低的同时导致该系统中有用性能的降低；二是系统中有用性能增强的同时导致该系统中有害性能的增强。常见的物理矛盾见表5-8。

表 5-8　常见的物理矛盾

分类	矛盾内容
几何	长与短、对称与非对称、平行与交叉、厚与薄、圆与非圆、锋利与钝、宽与窄、水平与垂直
材料及能量	多与少、密度大与小、热导率高与低、温度高与低、时间长与短、黏度高与低、功率大与小、摩擦因数大与小
功能	喷射与堵塞、推与拉、冷与热、快与慢、运动与静止、强与弱、软与硬、成本高与低

解决物理矛盾的工具是分离原理。使用分离原理有四种具体的分离方法：①空间分离；②时间分离；③条件分离；④整体与部分分离。在分离方法确认以后，可以使用符合该分离方法的发明原理来得到具体问题的解决方案。

物理矛盾和技术矛盾是可以彼此转换的。通常来说，许多技术矛盾，经过分解和细化，最终都能转化成为物理矛盾。

对分离原理和40个发明原理进行研究，结果表明，二者之间存在着一定的对应关系，见表5-9。

表 5-9　四个分离原理与40个发明原理的对应关系

分离原理	空间分离	时间分离	条件分离	整体与部分分离
发明原理	01. 分割 02. 提炼（分离） 03. 改变局部 04. 不对称 07. 嵌套 13. 逆向作用 17. 多维化 24. 中介物 26. 复制 30. 柔性壳体或薄膜	09. 预先反作用 10. 预先作用 11. 预先防范 15. 动态化 16. 近似化 18. 机械振动 19. 周期性作用 20. 利用有效作用 21. 缩短有害作用 29. 用气体或液体 34. 抛弃与修复 37. 热膨胀	01. 分割 05. 组合 06. 多用性 07. 嵌套 08. 质量补偿 13. 逆向作用 14. 曲面化 22. 变害为利 23. 反馈 25. 自服务 27. 廉价替代品 33. 同质性 35. 改变物理或化学参数	12. 等势 28. 替代机械系统 31. 多孔材料 32. 改变颜色 35. 改变物理或化学参数 36. 相变 38. 加速氧化 39. 惰性环境 40. 复合材料

6. 阿奇舒勒矛盾矩阵

消除矛盾的重要途径之一就是采用 40 个发明原理，快速地找到相应的发明原理，阿奇舒勒矛盾矩阵能帮助设计者解决这一问题。阿奇舒勒通过对大量发明专利的研究，总结出工程领域内常用的表述系统性能的 39 个通用工程参数，并由 39×39 个通用工程参数和 40 个发明原理构成了矛盾矩阵表——阿奇舒勒矛盾矩阵。在阿奇舒勒矛盾矩阵中，将 39 个通用工程参数横向、纵向顺次排列，横向代表恶化的参数，纵向代表改善的参数。在工程参数纵横交叉的方格内的数字，表示建议使用的 40 个发明原理的序号，这些原理是最有可能解决问题的原理与方法，是解决技术矛盾的关键所在。在工程参数纵横交叉的方格内存在三种情况：第一种情况是方格内有 1~4 组数，表示建议使用的 40 个发明原理的序号；第二种情况是在没有数的方格中，方格处于相同参数的交叉点，表示系统矛盾由一个因素导致，这是物理矛盾，不在技术矛盾的应用范围之内；第三种情况是在没有数的方格中，方格处于不同参数的交叉点，表示暂时没有找到合适的发明原理来解决这类技术矛盾。

如图 5-2 所示，希望改善的技术特性和恶化的技术特性的项目均有相同的 39 项，具体项目见表 5-6。

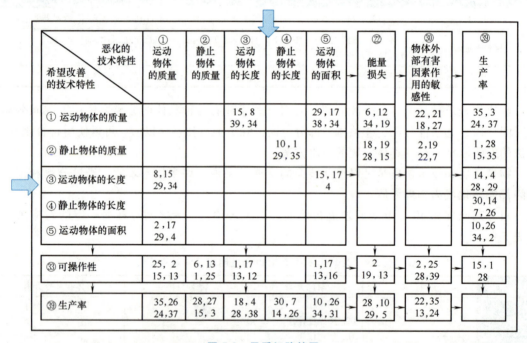

希望改善的技术特性 ＼ 恶化的技术特性	① 运动物体的质量	② 静止物体的质量	③ 运动物体的长度	④ 静止物体的长度	⑤ 运动物体的面积	㉒ 能量损失	㉚ 物体外部有害因素作用的敏感性	㊴ 生产率
① 运动物体的质量			15,8 39,34		29,17 38,34	6,12 34,19	22,21 18,27	35,3 24,37
② 静止物体的质量				10,1 29,35		18,19 28,15	2,19 22,7	1,28 15,35
③ 运动物体的长度	8,15 29,34				15,17 4			14,4 28,29
④ 静止物体的长度								30,14 7,26
⑤ 运动物体的面积	2,17 29,4							10,26 34,2
㉝ 可操作性	25,2 15,13	6,13 1,25	1,17 13,12		1,17 13,16	2 19,13	2,25 28,39	15,1 28
㊴ 生产率	35,26 24,37	28,27 15,3	18,4 28,38	30,7 14,26	10,26 34,31	28,10 29,5	22,35 13,24	

图 5-2　矛盾矩阵简图

在矛盾矩阵表中，只要清楚了待改善的参数和恶化的参数，就可以在矛盾矩阵中找到一组相对应的发明原理序号，这些原理构成了矛盾可能解的集合。矛盾矩阵表所体现的最基本的内容就是创新的规律性。需要强调的是矛盾矩阵所提供的发明原理，往往并不能直接解决技术问题，而只是提供了最有可能解决技术问题的探索方向。在解决实际技术问题时，还必须根据所提供的发明原理及所要解决问题的特定条件，探求解决技术问题的具体方案。

为了使用起来更加方便并提高解决问题的效率，表 5-10 列出了矛盾矩阵的应用步骤。应用矛盾矩阵解决工程矛盾时，建议使用表中的 10 个步骤。

表 5-10　矛盾矩阵的应用步骤

步骤	具体工作
第1步	确定技术系统的名称
第2步	确定技术系统的主要功能
第3步	对技术系统进行详细的分解,划分系统的级别,列出超系统、系统、子系统各种基本的零部件,各种辅助功能
第4步	对技术系统、关键子系统、零部件之间的相互依赖关系和作用进行描述
第5步	确定技术系统应改善的特性和应该消除的特性
第6步	将确定的参数,对应39个通用工程参数进行重新描述。通用工程参数的定义和描述是一项难度颇大的工作,不仅需要对39个通用工程参数充分理解,更需要丰富的专业技术知识
第7步	对通用工程参数的矛盾进行描述。欲改善的工程参数与随之被恶化的工程参数之间存在的矛盾就是技术矛盾
第8步	对矛盾进行反向描述。例如,降低一个被恶化的参数的程度,欲改善的参数将被削弱,或另一个恶化的参数被改善
第9步	查找阿奇舒勒矛盾矩阵表,得到所推荐的发明原理的序号
第10步	按照序号查找发明原理,得到发明原理名称

需要注意的是,在识别出具体问题所涉及的技术矛盾后,应使用该技术领域内的专业术语来界定该矛盾,依据这些专业术语挑选出适用的工程参数。基于这些工程参数,在矛盾矩阵中挑选出相应的发明原理。一旦确定了一个或多个发明原理,就需要针对具体问题将这些原理具体化,以形成特定的解决方案。对于复杂问题而言,单一发明原理往往不足以实现系统优化,因为原理的作用在于引导原系统向更优的方向发展。若检索所得发明原理均不适用于特定问题,则必须重新界定工程参数及冲突,并再次运用矛盾矩阵进行查找。此过程需反复进行,直至筛选出最理想的解决方案,之后方可进入产品方案设计阶段。通常情况下,选定的发明原理不止一个,这表明前人已利用这些原理解决过某些特定的技术矛盾。这些原理仅指示可能的解决方向,即通过应用这些原理排除了众多不太可能的解决方案,应尽可能将选定的每个原理应用于设计过程中,不应拒绝采用任何推荐的原理。若所有可能的解决方案均不符合要求,则需重新定义矛盾并寻求解决方法。在逐步优化方案的过程中,深入分析问题、创新思维以及实践经验都是不可或缺的。

5.1.2　TRIZ 设计举例

潜油螺杆泵采油系统是四大采油系统之一,既能用于低黏度原油开采作业,又适用于稠油、高凝固点油、高含蜡油、高含砂油及高含汽油的开采作业。因为是无杆采油,所以杆、管片膜所导致的断杆、管漏故障可以避免,抽油杆产生的能耗可以消除;因为地面设备质量和体积很小,占用面积小,更适用于海上平台和沼泽地区作业。如何提高其下潜深度是扩展该技术应用面的关键问题之一,而制约其下潜深度的核心是解决轴向承载能力问题。此例可以应用 TRIZ 理论来解决潜油螺杆泵轴向承载能力问题,以增加其采油下潜深度。

1. 工作原理

双进单出潜油螺杆泵采油系统的结构如图 5-3 所示,其工作原理为:置于下面的电动机与下端螺杆泵连接,再经十字轴万向联轴器与一个反置(指泵的进口在上、出口在下)的上端螺杆泵连接。当电动机顺时针转动时，根据左右手判定法则，下端螺杆泵向上泵送井液，受到向下的轴向压力；上端螺杆泵向下泵送井液，受到向上的轴向拉力；这两个力能够相互抵消一部分，这也是此系统在结构上的创新之处。上端螺杆泵的轴向载荷与其单个布置时相同，而下端螺杆泵的轴向载荷的大小为两个泵的轴向力之差，即相当于原来的轴向力由两个联轴器共同承担，且排量大幅增加。

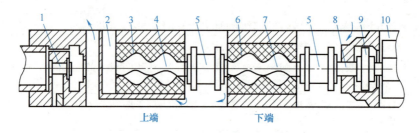

图 5-3 双进单出潜油螺杆泵采油系统结构简图

1—安全阀 2—滤网 3—上端螺杆泵衬套 4—上端螺杆泵螺杆 5—十字轴万向联轴器
6—下端螺杆泵衬套 7—下端螺杆泵螺杆 8—短轴 9—起动联轴器 10—保护器

2. 联轴器的功能与矛盾分析

（1）联轴器功能分析

1）将输入轴的定轴转动转化为输出轴的行星偏转运动。联轴器的输入轴和输出轴分别与减速器的输出轴、螺杆泵的转子固定连接。在泵工作过程中，减速器输出轴的轴心线相对井管位置不变，而泵的转子断面的几何中心相对于定子的几何中心线作行星偏转运动，这就要求联轴器的输入轴和输出轴在以相同的角速度转动的同时，后者的轴心线相对前者的轴心线作偏心"公转"运动，最后复合为一种相对行星偏转运动。

2）轴向压力的传递。螺杆泵稳定工作时，转子所受轴向力由三部分组成：密封腔室中的介质在衬套中移动时螺杆所受的轴向力；当螺杆表面沿衬套表面作相对滑动时，螺杆所受的半干摩擦以及由于螺杆对衬套的"迎面效应"（即螺杆棱线面迎着衬套棱线面产生碰撞）而引起的衬套棱线沿螺杆轴线的反作用力；由泵排出端和吸入端的液体压力差所产生的轴向力。轴向力最后由联轴器传递到油管管壁上。

3）转矩的传递。电动机输出转矩经过减速器后被提高，通过联轴器传递给螺杆泵转子。

（2）矛盾分析 目前要求螺杆泵具有大排量（保证企业的生产效益）、长工作寿命（保证企业的经济效益）和深下潜（主要是石油资源的状况决定）的特点，这些都将增加泵的轴向载荷，进而对联轴器的承载能力提出更高的要求。综合联轴器所具备的功能，可以得到以下主要矛盾：在运动形式上，既要联轴器的输入轴作定轴转动，又要其输出轴作行星偏转运动，可以用内啮合齿轮传动副实现行星偏转运动，但其不能承受轴向载荷；在承载能力上，目前已知的联轴器的种类很多，如十字滑块联轴器、滚子链联轴器、弹性套柱销联轴器、膜片联轴器等，但是都不能承受较大的轴向压力，而此联轴器恰恰要求具有较大的轴向承载能力；由于受到井管空间尺寸的限制，要求联轴器的空间几何尺寸不能太大，这也影响其承载能力。矛盾及其产生的原因见表 5-11。

表 5-11　矛盾及其产生的原因

矛盾	原因
联轴器变换运动形式与承受巨大轴向载荷之间的矛盾	螺杆泵的工作原理要求
联轴器载荷较大与其长期工作之间的矛盾	泵在巨大的轴向压力作用下长期有工作需求
联轴器尺寸小与其载荷较大之间的矛盾	联轴器的体积受到油井空间尺寸的限制

3. 联轴器的矛盾消解

在经过对联轴器的使用情景分析与问题描述之后，得到了存在的技术矛盾，还要把矛盾用 39 个工程参数进行描述，然后才能利用矛盾矩阵选择合适的发明原理，以得到发明问题的一般解。

表 5-12 中的 14-强度、13-稳定性是要改善的通用工程参数，在矛盾矩阵中的位置是第一列中对应的位置；8-体积、10-力和 11-压力是可能恶化的通用工程参数，在矛盾矩阵中的位置也是第一行中对应的位置。然后选择每对矛盾中要改善的参数所在的行与可能恶化的参数所在的列交叉处的元素，即为备选的发明原理。根据发明原理的选择方法，可以选择推荐的发明原理，用来解决联轴器设计中存在的矛盾。由表 5-4 可查看所选的推荐的发明原理。

对于矛盾 1，从表 5-4 得到如下的四条发明原理，分别是：03. 改变局部、10. 预先作用、14. 曲面化和 18. 机械振动。对于矛盾 2 和矛盾 3，主要都是涉及强度，可放在一起考虑，主要有以下几条原理：02. 提炼（分离）、09. 预先反作用、14. 曲面化、15. 动态化、17. 多维化、35. 改变物理或化学参数和 40. 复合材料。

表 5-12　矛盾的标准化

矛盾	矛盾的标准化描述
联轴器变换运动形式与承受巨大轴向载荷之间的矛盾	10-力/14-强度
联轴器载荷较大与其长期工作之间的矛盾	11-压力/13-稳定性
联轴器尺寸小与其载荷较大之间的矛盾	8-体积/14-强度

下面分别对各个矛盾及其推荐原理进行简单的分析，以便从推荐的原理之中选择合理、适用的方法来解决存在的矛盾。

（1）对于矛盾 1　有四个推荐的发明原理，解释如下。

03. 改变局部原理是指将物体或环境的均匀结构变成不均匀结构，或者使物体的不同部分完成不同的功能，或者使组成物体的每一部分都最大限度地发挥作用。10. 预先作用原理是指在操作之前，使物体局部或全部产生所需的变化，或者预先对物体进行特殊安排，使其在时间上有准备。14. 曲面化原理是指将平面或直线用曲面或曲线代替，立方体用球体代替，或者采用辊、球和螺旋，抑或用旋转运动代替直线运动。18. 机械振动原理是指使物体处于振动状态，或如果振动本来就存在则增加其频率，或使用共振，或使用电驱振动代替机械振动，或使用超声波与电磁场耦合产生振动。

（2）对于矛盾 2 和矛盾 3　有七个推荐的发明原理，解释如下。

02. 提炼（分离）原理是指将一个物体中的"干扰"部分分离出去，或者将物体中的关键部分挑选分离出来。09. 预先反作用原理是指预先施加反作用，或者使一个物体处于（或即将处于）受拉伸状态。14. 曲面化原理见上文所述。15. 动态化原理是指使一个物体或其环境在操作的每一个阶段自动调整，以达到优化的性能，或者把一个物体划分成具有相互关系的元件，元件之间可以改变相对位置，抑或如果一个物体是静止的，那么使之变为运动的或运动状态可改变。17. 多维化原理是指将在一维（二维）空间中运动或静止的物体变成二维（三维）空间中运动或静止的物体，或者将物体用多层排列代替单层排列，或者使物体倾斜、改变其方向，抑或是用给定表面的反面。35. 改变物理或化学参数原理是指改变物体的物理状态，或者改变物体的浓度、黏度，改变物体的柔性，或改变温度。40. 复合材料原理是指将单一的材料变为复合材料。

4. 设计结果

通过上面所做的工作，可得到对联轴器设计有极大价值的三条原理，需要进一步将其消化理解，以得到一般解及其特解。下面分别针对具体的矛盾进行求解。

1）由上面的分析可知，对于矛盾 1 最终选择的发明原理是空间分离原理和局部质量原理。从这两个原理中，得到了一个共同的提示：需要把联轴器分解成几部分，使其中的某部分完成定轴转动向行星偏转运动的转化，另一部分完成轴向压力传动。每一部分完成一定的功能，相当于把联轴器进行功能分解，产生了相应的物理域和功能域。基于上面的分析，提出零齿差内啮合齿轮传动副与球面副组合的结构新型，利用零齿差内啮合齿轮传动实现联轴器的输出轴相对输入轴的行星偏转运动；在两个齿轮之间增加一个钢球，并用保持架连接在一个齿轮体端面上，使其在另一个齿轮体的端面滑道上滚动，将轴向力传递到输入轴，再通过推力球轴承转移至联轴器外套。

2）对于矛盾 2 和矛盾 3，根据复合材料原理，把联轴器中的主要承载零部件用力学性能更好的合金制造，以提高联轴器的承载能力及其工作寿命。

5.2　优化设计方法

5.2.1　机械优化设计的一般过程

在机械创新设计中，经常面临多种选择和权衡，也可能遇到多个设计目标。优化设计理念提供了一个系统的方法，以找到满足各种需求的最佳解决方案。优化设计需要清楚地了解设计的需求和限制，包括性能要求、成本预算、制造难度、材料限制等。选择对设计结果有决定性影响的设计参数，并确定一个或多个目标函数，用以评估设计方案的好坏。需要考虑所有可能影响设计的限制条件，如物理定律、技术可行性、环境因素等，然后根据问题的性质和规模，选择一个合适的优化算法，对设计方案进行迭代改进，直到找到最优或满意的解决方案。优化设计方法能够系统地应对机械设计领域中所遇到的复杂问题，并促成创新设计的实现。在机械产品的设计过程中，设计者需面对一系列特性参数的选择问题，如零件的尺寸参数。通用零件的基本尺寸参数确定往往依赖于经验算法，而对于非通用零件的设计可以利用优化算法寻找最佳特性参数。机械优化设计将机械设计与优化理论及方法相结合，利用电子计算机技术，自动寻找达到预期目标的最佳设计方案和最优设计参数，包括机械零部件的优化设计、机构优化设计、机构动力学优化设计以及工艺装备参数的优化设计等方面。机械优化设计问题的一般步骤如图 5-4 所示，对机械产品进行分析，将工程实际问题转化为数学表达形式，构建优化设计的数学模型，包括设计变量、目标函数和约束条件，选择合适的优化算法,在计算机上求解该数学模型,以确定最优方案。通过系统地分析和迭代改进,设计者能够找到满足各种复杂要求的最佳设计方案,从而实现机械产品创新。

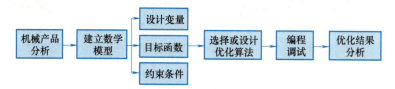

图 5-4 机械优化设计问题的一般步骤

5.2.2 优化设计问题的数学模型

1. 设计变量

机械优化设计旨在为特定机械设计项目寻求最佳方案。设计方案可用一组基本参数的数值来表示。在优化设计中,这些参数可分为两类:一类是可根据特定设计情况或成熟经验预先确定的,称为设计常量;另一类参数需要在优化设计过程中不断调整和修改,始终处于变化状态,这类基本参数称为设计变量,又称优化参数。

设计变量的全体实际上是一组变量,可用一个列矢量表示:

$$x_i = \begin{pmatrix} x_1 \\ x_2 \\ \vdots \\ x_n \end{pmatrix} = (x_1 \quad x_2 \quad \cdots \quad x_n)^{\mathrm{T}} \tag{5-1}$$

x_i 称为设计变量矢量。矢量中分量的次序完全是任意的,可以根据使用的方便任意选取。优化设计的设计变量数目用 n 表示。若以 n 个设计变量作为 n 个坐标轴,则设计变量的取值域就构成了一个 n 维实空间(n 维实欧氏空间),将其称为 n 维设计空间。这样,设计变量 x_i 的每一组取值,都对应于设计空间上的一个坐标点,称为设计点。

由向量的概念可知,对于 n 维空间的任一坐标点 $(x_1', x_2', \cdots, x_n')$,都可表示为以原点为起点、该坐标点为终点的 n 维向量,即

$$x' = (x_1' \quad x_2' \quad \cdots \quad x_n')^{\mathrm{T}} \tag{5-2}$$

只有两个设计变量($n = 2$)的二维设计问题可用图 5-5a 所示的平面直角坐标系表示;有三个设计变量($n = 3$)的三维设计问题可用图 5-5b 所示的空间直角坐标系表示。所以,

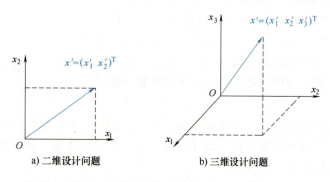

a) 二维设计问题   b) 三维设计问题

图 5-5 设计变量所组成的设计空间

在 n 维设计空间中，可简便用一个 n 维向量 x 来表示一个设计点，也就是将 n 个设计变量看成是一个 n 维向量的 n 个分量，即设计变量。

$$x = \begin{pmatrix} x_1 \\ x_2 \\ \vdots \\ x_n \end{pmatrix} = (x_1 \quad x_2 \quad \cdots \quad x_n)^{\mathrm{T}} \tag{5-3}$$

简记为

$$x \in R^n（R^n 为 n 维实欧式空间）$$

根据设计空间的概念，优化设计的维数与设计变量的数目相对应。因此，设计变量的数目也被视为优化设计的维数。设计空间的维数表示向量的自由度，即设计的自由度。优化设计的维数越多，即设计变量越多，设计的自由度就越大，可供选择的方案也会越多，使得设计更加灵活。然而难度也会相应增加，求解过程也会更加复杂。

一般来说，可以根据优化设计的维数来划分优化设计问题的规模等级。当设计变量数目为 2~10 个时，为小型优化设计问题；当设计变量数目为 10~50 个时，为中型优化设计问题；当设计变量数目 >50 个时，为大型优化设计问题。

设计变量根据其取值是否连续被分为连续变量和离散变量。如果变量在其取值范围内可以取任何连续的值且具有实际意义，那么它就是连续变量。如果设计变量的取值只能是间断的、跳跃式的才有意义，那么它就是离散变量。在机械设计中，存在许多离散变量，例如，齿轮的齿数必须是正整数，齿轮的模数、螺纹外径、滚动轴承的内径等标准系列参数必须符合国家标准等。这些离散变量的选择和处理在优化设计中仍然处于发展阶段，需要按照实际情况进行恰当的选择和处理。

2. 目标函数

优化设计是一种在诸多因素背景下，致力于找到最令设计者满意且最合适的参数组合的过程。在机械设计领域，设计者总是希望他们所创造的产品能在使用性能、体积、结构紧凑性、质量、制造成本以及经济效益等方面达到最优状态。

在优化设计中，通常将所追求的目标（最优指标）以设计变量的函数形式来表达，这个函数被称为优化设计的目标函数。这个函数的值是评价设计方案优劣程度的关键标准，因此也被称为评价函数，而建立这个函数的过程则被称为建立目标函数。

对于目标函数，需要理解以下三个问题。

1）目标函数是设计变量的函数，用代号表示为 $f(x)$。

2）设计所追求指标的优劣程度。度量的方法是比较目标函数值的大小，所以指标的优劣程度描述为 $\min f(x)$ 或 $\max f(x)$，$x \in R$，相应的数值为最优值。

3）由于 $\max f(x)$ 等价于 $\min[-f(x)]$，所以统一用最小值表示优化设计的最优值，用求最小来描述优化设计问题，即优化设计问题的数学描述为

$$\min f(x), x \in R^n \tag{5-4}$$

根据设计追求指标的数目（目标函数数目），优化设计可分为单目标优化设计与多目标优化设计。只有一个目标函数的优化设计问题，称为单目标优化；有多个目标函数的优化设计问题，称为多目标优化。

对于多目标函数的优化问题，要分别建立满足不同方面需求的目标函数，即

$$\begin{cases} f_1(\boldsymbol{x}) = f_1(x_1, x_2, \cdots, x_n) \\ f_2(\boldsymbol{x}) = f_2(x_1, x_2, \cdots, x_n) \\ \quad\quad\quad \vdots \\ f_m(\boldsymbol{x}) = f_m(x_1, x_2, \cdots, x_n) \end{cases} \tag{5-5}$$

随后应采取适当的手段来处理多目标函数的优化问题。在机械优化设计的一般情况下，多为多目标函数问题，目标函数越多，设计的综合效果就越好，但问题的求解也会更加复杂。

3. 约束条件

根据前文所述，设计点的集合构成了设计空间。对于 n 维设计问题，它属于 n 维实欧氏空间。如果对设计点的取值不进行限制，那么设计空间将是无限的。这类优化设计问题被称为无约束优化问题。然而在实际情况中，设计变量的取值范围是有限制的，或者必须满足一定的条件。在优化设计中，这些对设计变量取值的限制条件被称为约束条件或设计约束。这些约束条件也可以用数学式来表达。

按约束条件的形式分，有不等式约束条件与等式约束条件两种，表达式如下：

$$g_u(\boldsymbol{x}) \geqslant 0, \quad u = 1, 2, \cdots, p \tag{5-6a}$$
$$h_v(\boldsymbol{x}) = 0, \quad v = 1, 2, \cdots, q \tag{5-6b}$$

$g_u(\boldsymbol{x})$ 与 $h_v(\boldsymbol{x})$ 都是设计变量 x 的函数，称为约束函数。式（5-6a）是不等式约束条件，式（5-6b）是等式约束条件。

按约束的性质分，有边界约束与性能约束两类。边界约束是对某些设计变量的取值范围加以限制，即某变量的上下界。例如：某构件长度 x_t 的上界为 x_t^M，下界为 x_t^L，则应满足 $x_t^L \leqslant x_t \leqslant x_t^M$；机构设计中的齿轮齿数、模数也有上下界的限制。在很多时候对设计变量的限制也可能是单方面的，即只有上界或只有下界，例如，齿轮齿面接触应力、弯曲应力必须小于许用值，即 $\sigma_H \leqslant [\sigma_H]$，$\sigma_F \leqslant [\sigma_F]$ 等。所谓性能约束是指在优化设计中，按某种性能要求构成对设计变量的约束。在机械优化设计中常常对结构中各尺寸参数的关系、运动学、动力学以及强度等多方面进行限制，从而构成性能约束，这些约束一般是以约束方程来表达。

对于约束优化问题，设计点 $\boldsymbol{x}$ 在 n 维实欧氏空间 R^n 内的集合被分成两部分。一部分是满足所有设计约束条件的设计点集合，这个区域称为可行设计区域，简称可行域，记作 D，如图 5-6 所示，是由 $g_1(\boldsymbol{x})$、$g_2(\boldsymbol{x})$、$g_3(\boldsymbol{x})$、$g_4(\boldsymbol{x})$ 所包围的区域。设计点只能在可行域内选取，可行域内的设计点称为可行设计点，其余部分为非可行域，即 $g_1(\boldsymbol{x})$、$g_2(\boldsymbol{x})$、$g_3(\boldsymbol{x})$、$g_4(\boldsymbol{x})$ 所包围以外的区域。设计变量在非可行域内取值对设计是无意义的，即为非可行设计点。当设计点处于某一不等式约束边界上时，称为边界设计点，它是一个为该项约束所允许的设计方案。

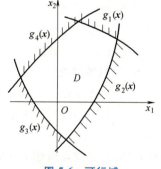

图 5-6　可行域

4. 优化问题的数学模型

根据前述优化设计数学模型三个组成部分的表示方法，可得优化设计的数学模型表示形式。

无约束优化问题数学模型的一般形式为

$$\min f(\boldsymbol{x}) , \ x \in R^n \tag{5-7a}$$

约束优化问题数学模型的一般形式为

$$\min f(x) , \ x \in D \in R^n$$
$$s.t. \ g_u(\boldsymbol{x}) \geqslant 0 , \ u = 1, 2, \cdots, p$$
$$h_v(\boldsymbol{x}) = 0 , \ v = 1, 2, \cdots, q \tag{5-7b}$$

对上述数学模型求解，就是求取可使得目标函数值达到最小时的一组设计变量值：

$$\boldsymbol{x}^* = (x_1^* \quad x_2^* \quad x_n^*)^{\mathrm{T}} \tag{5-8}$$

该设计点 $\boldsymbol{x}^*$ 称为最优点，相应的目标函数值 $f^* = f(x^*)$ 称为最优值，两者组合就是优化问题的最优解。

从数学规划论的角度看，当目标函数 $f(\boldsymbol{x})$ 和约束函数 $g_u(\boldsymbol{x})$、$h_v(\boldsymbol{x})$ 均为设计变量的线性函数时，称为线性规划问题，否则为非线性规划问题。机构和机械零部件的优化设计问题大多属于非线性规划问题。若 $\boldsymbol{x}$ 为随机值，则属于随机规划问题。

5. 优化问题的求解

在机械优化设计问题的求解中，常用的优化设计方法包括最速下降法、牛顿型法、共轭梯度法、变尺度法、鲍威尔法以及随机方向法、复合形法、可行方向法、惩罚函数法、增广乘子法等，这些方法根据不同的优化问题类型和约束条件，有着各自的优缺点和适用范围。例如，最速下降法适用于凸优化问题，牛顿型法适用于二阶可微的优化问题，而共轭梯度法和变尺度方法则适用于非线性优化问题。

除了传统的优化方法，近年来随着人工智能和机器学习的快速发展，一些基于机器学习的优化方法也逐渐兴起。例如，遗传算法、粒子群优化算法、模拟退火算法等，这些方法通过模拟自然界的演化过程或者借鉴人类的决策过程，能够在复杂的高维优化问题中寻找到最优解。

在实际工程应用中，优化问题的求解往往需要结合具体问题进行具体分析。首先需要对问题进行数学建模，将工程问题转化为数学问题，然后根据问题的特点选择合适的求解方法，再借助计算机，从满足给定设计要求的许多可行方案中，按照给定的目标自动地选出最优的设计方案，进行求解。同时，对于复杂的优化问题，还需要进行大量的实验和调研工作，以找到最优的解决方案。

6. 函数的梯度

函数的梯度提供了函数在某一点上的方向导数，可用于确定函数在哪个方向上变化最快。了解梯度的性质有助于选择合适的优化算法。

梯度方向是函数值增加最快的方向，也就是最速上升方向。负梯度方向是函数值下降最快的方向，也就是最速下降方向。梯度的值代表了该方向上函数值的变化率。因此，在优化问题中，可以利用梯度的信息来选择合适的方向进行迭代，以便最快地找到最优解。

梯度的计算方法通常是通过求导数来得到的。对于一个多元函数，梯度是一个矢量，其每个元素是函数对应变量的偏导数。在数学上，梯度矢量可以表示为：

$$\nabla f(x) = \left(\frac{\partial f}{\partial x_1} \quad \frac{\partial f}{\partial x_2} \quad \cdots \quad \frac{\partial f}{\partial x_n} \right)^{\mathrm{T}} \tag{5-9}$$

其中，$\partial f / \partial x_i$ 表示函数 f 在变量 x_i 上的偏导数。

梯度的方向与函数值变化的方向一致，梯度的值越大，函数在该方向上的变化越快。此外，梯度具有线性性质，即对于两个函数 f 和 g，有

$$\nabla(f+g) = \nabla f + \nabla g \tag{5-10}$$

$$\nabla(fg) = f\nabla g + g\nabla f \tag{5-11}$$

这些性质在优化算法中非常重要，例如，在最速下降算法中，需要计算梯度并选择合适的方向进行迭代。同时，在机器学习中，梯度也被用于反向传播算法中，以更新模型的参数。

5.2.3 优化设计算例

机床主轴是机床的核心部件，对于机床的性能和精度有着至关重要的影响。机床主轴一般为多支撑空心阶梯轴。为了便于使用材料力学公式进行结构分析，常将阶梯轴简化成以当量直径表示的等截面轴。本节以两支撑主轴为例，说明其优化设计的过程。

1. 算例数学模型的建立

图 5-7 所示是一个已经简化的机床主轴。在设计这根主轴时，有两个重要因素需要考虑。一是主轴的自重，二是主轴伸出端 C 点的挠度。对于普通机床，并不追求过高的加工精度，对机床主轴的优化设计，以选取主轴的自重最轻为目标，外伸端的挠度是约束条件。

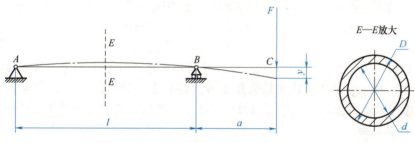

图 5-7 机床主轴变形简图

（1）设计变量的选择 当主轴的材料选定时，其设计方案由四个设计变量决定，即孔径 d、外径 D、跨距 l 及外伸端长度 a。由于机床主轴内孔常用于通过待加工的棒料，其大小由机床型号决定，因此不能作为设计变量。故设计变量取为

$$x = (x_1 \quad x_2 \quad x_3)^{\mathrm{T}} = (l \quad D \quad a)^{\mathrm{T}}$$

（2）目标函数的确定 机床主轴优化设计的目标函数为

$$f(x) = \frac{1}{4}\pi\rho(x_1 + x_3)(x_2^2 - d^2)$$

式中，ρ 为材料的密度。

（3）约束条件的确定 主轴的刚度是一个重要的性能指标，其外伸端的挠度 y 不得超过规定值 y_0，据此建立性能约束：

$$g(x) = y - y_0 \leqslant 0$$

在外力 F 给定的情况下，y 是设计变量 x 的函数，其值按下式计算：

$$y = \frac{Fa^2(l+a)}{3EI}$$

式中：

$$I = \frac{\pi}{64}(D^4 - d^4)$$

则：

$$g(x) = \frac{64Fx_3^2(x_1+x_3)}{3\pi E(x_2^4-d^4)} - y_0 \leq 0$$

此外，通常还应考虑主轴内最大应力不得超过许用应力。由于机床主轴对刚度要求比较高，当满足刚度要求时，强度一般尚有富余，因此，应力约束条件可不考虑。边界约束条件为设计变量的取值范围，即

$$l_{\min} \leq l \leq l_{\max}$$
$$D_{\min} \leq D \leq D_{\max}$$
$$a_{\min} \leq a \leq a_{\max}$$

综上所述，将所有约束函数规格化，则主轴优化设计的数学模型可表示为下式：

$$\min f(x) = \frac{1}{4}\pi\rho(x_1+x_3)(x_2^2-d^2)$$
$$s.t.\ g_1(x) = \frac{64Fx_3^2(x_1+x_3)}{3E\pi(x_2^4-d^4)}/y_0 - 1 \leq 0$$
$$g_2(x) = 1 - x_1/l_{\min} \leq 0$$
$$g_3(x) = 1 - x_2/D_{\min} \leq 0$$
$$g_4(x) = x_2/D_{\max} - 1 \leq 0$$
$$g_5(x) = 1 - x_3/D_{\min} \leq 0$$

值得注意的是，$x_1 \leq l_{\max}$ 和 $x_3 \leq a_{\max}$ 这两个边界约束条件暂未考虑。这是因为无论从减小伸出端挠度上看，还是从减轻主轴质量上看，都要求主轴跨距 x_1、伸出端长度 x_3 变小，所以对其上限可以不做限制。这样可以减少一些不必要的约束，有利于优化计算。

2. 算例计算结果

试对图 5-7 所示的主轴进行优化设计。算例：已知主轴内径 $d = 30$mm，外力 $F = 15000$N，许用挠度 $y_0 = 0.05$mm。设计变量数 $n = 3$，约束函数个数 $m = 5$，收敛精度 $\varepsilon_1 = 10^{-5}$、$\varepsilon_2 = 10^{-5}$，初始惩罚因子 $r^0 = 2$，惩罚因子缩减系数 $c = 0.2$，主轴两支撑跨度 300mm $\leq l \leq$ 650mm，外径 60mm $\leq D \leq$ 140mm，悬臂端长度 90mm $\leq a \leq$ 150mm。

分析：由于该优化问题属于非线性问题，且目标函数和约束函数均为显函数，设计变量数目不多，故可采用内点惩罚函数法求解，初始点 $x^{(0)} = (480,100,120)^T$ 代入已知数据后，经过 17 次迭代，计算收敛，求得最优解：

$$x^* = (300.036, 75.244, 90.001)^T$$
$$f(x^*) = 11.377\text{kg}$$

应当指出，优化设计计算结束时，惩罚因子缩减到 $r = 1.311 \times 10^{-11}$，可见惩罚函数中的障碍项实际上已经消失，惩罚函数值非常接近原目标函数值。

5.3　反求工程与创新

反求工程（Reverse Engineering）也称为逆向工程、三维坐标测量、三坐标建模工程等。目的是针对市面上已有的产品及模型，进行广泛性的消化、吸收、解剖再创造，并采用种种

科学的方法和技术对产品的设计、制造等方面进行挖掘。在这个过程中如果仅是仿造和简单的变形,那么不能称之为创新,此处的创新是指在消化、吸收已有产品的基础上,进行结构、材料或功能的改进、创新,开发新产品。借助多种现代技术手段,反求工程从原始的复制以及仿制转变为了现代制造技术实现产品迭代重要的一环。该过程在现有设计的基础上,通过功能原理的替代、技术的更新、结构的简化或优化,促进新产品的创新开发。

5.3.1 反求工程设计方法

随着数据处理技术的飞速发展,反求工程已经与人工智能以及大数据科学深度绑定,在航空航天、机械制造、医用设备、生物领域、精密产品检测等领域得到广泛的应用。在反求工程中,可以通过向量回归机、核分类机等方法对表面模型进行修复和重构。除此之外,还可以完成正向工程无法绘制的复杂自由表面,加快了工作效率。该法通过数据采集设备对实物进行扫描,将得到的数据点进行处理,最终复现出 CAD 图形和三维几何模型。随后对模型进行二次开发,最终付诸产品制造上。图 5-8 所示为正向工程和反求工程技术路线对比。

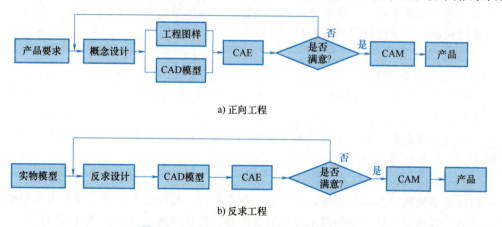

图 5-8 正向工程和反求工程技术路线对比

在正向设计中,设计者需要根据市场,提出需求及设计指标,在此基础上,通过设计者的一系列创造性的活动,如设计材料、外观及功能等,最终设计出大众喜爱的新产品。这是由 0 到 1,由未知的想法到已知的成品的过程,这种设计方法即正向工程。

反求工程是数据测量、数据处理及计算机视觉等技术的集成,基于点的处理技术是反求工程中的核心及根本。在反求工程中,需要首先针对已有的产品(可能是照片、实物或者资料)进行复现,从而快速消化完成技术积累,然后进行加工再创造,通过这种"小步快跑"的模式,最终设计开发出在市场上更有竞争力的新产品。但是,一定要注重再创造,不能仅仅停留在低级仿制的阶段而不进行产业升级,否则会使开发出的产品面临专利保护法的制裁,并且还会形成路径依赖,从而永久性地失去创新能力,最终会被市场所淘汰。

在正向工程中需要考虑的是如何去做、怎么去做,而反求工程中最重要的是去考虑为何这么去做,反复去领悟创作者的意图,探索他们是如何一步步设计的,他们的思路是什么,需要采用什么技术,注意哪些关键点,采用了什么专业的理论及方法。

正向设计和反向设计二者缺一不可。反求设计工程师需要有丰富的正向设计经验,这种正向设计经验可以使设计人员更好地领悟已有产品，从而进行反求工程。反求工程也会提高正向工程的效率和水平，在研究已有技术的基础上再根据实际发展需要进行二次开发、二次创造，最终得到在国内外市场上有竞争力的、具有自主知识产权的新产品。

1. 步骤

反求工程通常包含以下几个步骤。

1）通过三坐标测量仪，将实际模型各点坐标数值化地存储进计算机设备中，将具象的物体数字化。

2）根据得到的三维数据提取外形的形态特征，对产品的几何属性进行分区切割，最终得到设计和制造的细节。

3）使用计算机软件，通过切割后的三维数据模型得到表面模型，再进行拟合处理，将各个独立的片模型进行拼接。

4）将得到的完整的三维模型加工制造出来，并根据多次测量检测确认是否满足精度和性能指标的需求，如果不能满足需求，应对三维模型进行修正，重复上述的过程。

通过数据采集设备可以采集物体表面的坐标信息，根据是否接触被测表面，数据采集设备分为接触式测量和非接触式测量两种。

2. 测量方法

（1）接触式测量方法

1）使用坐标测量机。这种测量机具有触发式的接触测量头，将测量头在工件表面滑动，即可获取工件的坐标信息。利用这种设备进行检测的方式精度较高，多种工况场合都可以使用。但是造价昂贵、成本较高、采样效率低，并没有在三坐标测量机上广泛使用，并且对软质表面无法进行准确测量。

2）逐层分析。对研究的工件进行逐层铣削或进行逐层的光学扫描，从而获得不同断面、不同位置的轮廓，将每一片接合起来便会获得模型三维的轮廓数据。这种方法的优点是任何形状的工件均能测量。但是对工件具有破坏性，切片完成后的工件便不可再用。

（2）非接触式测量方法 非接触式测量方法是通过以声学、光学及电磁学为基本原理的设备，将测量获得的一系列模拟量利用一系列算法转变为坐标点。

1）扫描法。扫描法利用光学三角形原理，将光源投射到物体表面，并利用光电元件接受反射回来的能量，根据光源在工件表面的投影情况以及空间中的几何关系，求得工件的表面信息。

2）莫尔条纹法。莫尔条纹法基于相位偏移的测量原理，即光栅的相位会因为被投射表面形态条件的调制而发生改变，通过计算机图像学的处理方法获得工件表面的形态信息。

3）工业 CT 法。通过工业 CT 对工件进行断层截面扫描，设备会测量到 X 射线的衰减系数，以此重建断面，经过逐层分析各断面信息后，系统将其组合起来便得到三维结构的数据。此方法可对设备进行无损检测，但其缺点是设备造价高，空间占有率高，且得出的图像分辨率不高。

4）立体视觉法。利用多个摄像机对房间中的物体进行拍摄或利用多个照相机在三维空间中的视觉差和空间相对几何关系来测量物体的三维坐标值。后者由于利用不同照相机对同一特征点进行测量，其优点是不需要使用其他机械设备，但问题在于无法保证得到结果图片的精度。近些年来已经发展出多种改进方法，但其精度仍需提高。

5.3.2　反求工程设计实例

在机械工程领域，反求工程常针对实物反求，是相对于传统的机械设计制造过程而言的。实物反求的主要特点就是运用反求工程进行复制和创新。当产品零件比较复杂时，其外形一般由复杂曲面构成，通常难以用常规的方法加以处理，必须应用计算机辅助测量（CAT）、计算机辅助设计（CAD）、计算机辅助制造（CAM）以及计算机辅助分析（CAA）等手段。

实物反求的整个过程分设计和应用（加工）两个阶段。在反求设计阶段有数字化测量、数据处理和模型重构三方面内容，其中数据处理还包括数据预处理（噪声点剔除、数据平滑、数据的精简和加密等）、数据分块和特征提取以及曲面拟合等技术内容，其技术路线如图 5-9 所示。

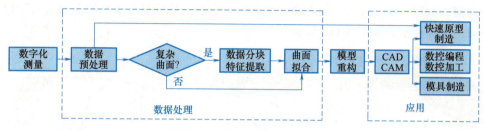

图 5-9　实物反求的技术路线

例如，对某发动机罩零件进行反求，以期在此基础上进行结构优化和改进。采用 Handyscan 3D 手持式三维激光扫描仪扫描发动机罩零件，得到点云数据，把点云数据导入相关软件中进行处理，处理之后根据已知点云进行三维建模。

在待扫描的发动机罩曲面上贴一些专用的定位贴作为定位标志，也就是扫描的基准点，三维扫描仪将会自动地识别，然后启动计算机和扫描仪随附的软件 VXelements。手持三维扫描仪进行扫描，扫描过程如图 5-10 所示，扫描的同时计算机会显示生成的点云数据，如图 5-11 所示。待把整个发动机罩扫描完全时，停止扫描。

图 5-10　扫描过程　　　　　　**图 5-11　扫描过程中点云数据的生成**

对扫描结果删除非取样边界，得到所需要保留的点云，采用 CATIA 软件进行点云数据的处理、建模以及误差检测。把点云导入 CATIA 软件中对点云的边界进行仔细处理，删除边界上多余的点云并进行过滤处理，使特征变化较小的部分过滤较多的点云，变化大的部分过滤较少的点云，从而使更明显的特征保留，对于一些质量较差的点云还应进行光顺处理。

由于扫描的点云没有定位，需建立局部坐标系，并置为当前，如图 5-12 所示。然后将点云网格化，在点云上建立三角网格，有三角网格的模型如图 5-13 所示。

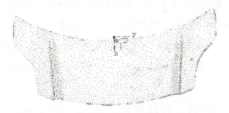

图 5-12 具有明显特征的点云

图 5-13 有三角网格的模型

将点云进行数据处理后，对点云数据进行建模。先用 3D 曲线功能来构建该曲面的边界，再绘制曲线。根据绘制的特征线生成如图 5-14a 所示的主要曲面，再对称生成整个发动机罩的曲面，如图 5-14b 所示。检查曲面和点云的偏差，最后根据建好的曲面进行加厚生成发动机罩的实体模型，如图 5-14c 所示。

a) 构建曲面边界

b) 主要曲面片的生成

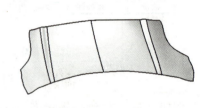

c) 发动机罩曲面

图 5-14 实体模型生成过程

在生成发动机罩实体模型的基础上，根据设计需要，进一步结合流体力学、有限元法、工业设计等方法进行创新设计。例如，利用计算流体动力学（CFD）软件对发动机罩的空气动力学性能进行模拟分析，以优化其在高速行驶时的气流分布，减少风阻，提高燃油效率；采用有限元分析（FEA）软件对发动机罩的结构强度和耐久性进行评估，通过模拟各种工况下的受力情况，识别潜在的应力集中区域，并对这些区域进行结构加强设计；在保证功能要求前提下，在外观造型上对发动机罩的表面轮廓、色彩和装饰元素进行创意设计，使其在满足功能需求的同时，也能够提升整车的视觉效果。通过持续的迭代与优化过程，研发出既符合技术规格又能增强产品市场竞争力的结构，进而达到创新设计的目标。这一过程不仅适用于单个零部件，同样适用于整机的反求工程和创新设计。

5.4 计算机辅助设计

随着计算机技术的飞速发展，设计工具和方法也在不断进步，计算机辅助设计（CAD）软件的三维建模功能极大地提高了设计的直观性和精确性。设计者可以在虚拟环境中构建机械部件和系统的详细模型，进行实时的修改和优化。这种三维建模不仅缩短了设计周期，还减少了物理原型的制作成本和时间。计算机辅助工程（CAE）技术在机械创新设计中扮演着越来越重要的角色。CAE 软件能够模拟机械系统的各种工作条件和环境，帮助设计师预测和分析产品的性能。通过有限元分析（FEA）、计算流体动力学（CFD）和多体动力学（MBD）等技术，设计者可以在产品投入生产之前发现潜在的问题，从而提高设计的可靠性和安全性。

5.4.1　三维建模

常用三维建模软件包括 SolidWorks、UG（也称为 Siemens NX）、Creo 以及 CATIA。这些软件不仅广泛应用于机械设计、汽车制造、航空航天和消费电子产品等行业，还为工程师和设计师提供了强大的工具集，以实现复杂产品的设计和开发。

SolidWorks 因其用户友好的界面和较全的功能广泛应用于机械产品设计等领域，该软件提供了从零件建模到装配设计再到详细工程图的完整解决方案，还支持与其他软件的集成与转换，使得数据共享和协作变得更加便捷，可以帮助工程师完成设计过程的三维建模和装配工作，并提供了线性静态、频率、热分析和疲劳分析等功能。通过精确的尺寸标注和几何约束，该软件可以快速修改和优化零件的形状和尺寸，其装配模块可以辅助设计者将各个零件按照实际的机械关系组合在一起，形成一个完整的装配体。通过定义配合关系，如滑动配合、旋转配合和固定配合等，可以模拟零件之间的运动关系和相互作用，确保在实际制造过程中不会出现零件之间的碰撞或干涉问题。此外，还可以利用 SolidWorks 的运动模拟功能，对装配体进行动态分析，评估其在不同工况下的性能表现。这对于生产制造和装配指导具有重要意义，可确保生产线上的工人能够准确无误地组装产品。在装配关系确定后可以生成爆炸图，展示装配体的各个零件如何组合在一起，还可以将爆炸图用于机械产品推广或设计竞赛作品介绍的视频中。

通过 SolidWorks 的工程图模块，设计者可以利用三维模型进行 3D 打印加工，同时可以将三维模型转换成二维工程图，详细标注尺寸、公差、表面粗糙度等技术要求。

5.4.2　有限元仿真

有限元分析的原理是将一个复杂的连续体结构划分为许多小的、简单的单元，这些单元通过节点相互连接。因此可以将原本难以直接求解的偏微分方程转化为一组代数方程，从而在计算机上进行数值求解。

在有限元分析中，首先需要定义材料属性、边界条件和载荷。材料属性包括弹性模量、泊松比等；边界条件描述了结构在某些点或面上的约束情况；载荷指定了作用在结构上的力或位移。选择合适的插值函数（通常是多项式），可以近似地表示单元内部的位移场。在单元级别上，根据弹性力学的基本方程，可以推导出单元刚度矩阵和载荷向量。单元刚度矩阵描述了单元内部各节点之间的力学关系，载荷向量则表示作用在单元上的外力。通过组装所有单元的刚度矩阵和载荷向量，可以形成整个结构的全局刚度矩阵和全局载荷向量。

求解全局代数方程组后，可以得到结构各节点的位移，通过应变-位移关系和应力-应变关系，可以计算出结构的应变和应力分布。这些结果可以帮助设计者评估结构在给定载荷和边界条件下的性能，是否能够满足强度、刚度等设计要求，从而进行优化设计。有限元分析不仅适用于静态问题，还可以扩展到动态问题、热传导问题、流体力学问题等。通过引入时间步长和质量矩阵，可以进行结构的动力学分析。具体分析方法读者可以参照相关书籍。

以 ANSYS 软件为例，主菜单系统主要分为三个模块——前处理、求解和后处理，对应于 ANSYS 主菜单中的 Preprocessor（前处理器）、Solution（求解器）、General Postprocessor

（通用后处理器）和 TimeHist Postprocessor（时间历程后处理器）。前处理器主要用于选择单元类型、定义材料属性、创建 CAD 模型以及划分单元网格，通过这一过程，最终得到一个完整且正确的有限元单元网格模型。求解器用于选择分析类型、设置求解选项、施加载荷并配置载荷步选项。完成这些步骤后，执行求解过程，最终生成结果文件。后处理器用于处理和分析求解过程中生成的结果数据。后处理分为两类：一类是通用后处理器，用于处理并分析对应时间点的整体模型结果；另一类是时间历程处理器，用于处理某一时间或频率范围内某位置点上结果项的变化过程。该处理器还提供多种结果可视化工具，如云图、矢量图、等值线图等，并支持动画演示功能。ANSYS Workbench 具有与其他 CAD 和 CAE 软件的集成功能，能够与 SolidWorks、CATIA 等软件互相导入和导出模型数据。

5.4.3　虚拟样机设计

在虚拟样机设计领域，常见的软件工具包括 ADAMS、DADS、SIMPACK 等，其中 ADAMS 的应用尤为广泛。ADAMS 是一款用于多体动力学仿真的软件，广泛应用于机械系统和复杂机械装置的运动学及动力学分析，它能够模拟各种机械系统的运动和载荷，帮助设计者优化设计，减少实际测试中的问题，优化产品性能，缩短研发周期，降低开发成本。首先需要建立虚拟样机模型（通常使用 SolidWorks、CATIA 等软件），将模型导入到 ADAMS 中；根据实际机械系统的运动特性，为各个部件之间定义适当的运动副（如铰链、滑动、转动等）和约束条件；在模型上施加各种载荷（如力、力矩、重力等）和驱动（如电动机、齿轮等），以模拟实际工作条件下的动态行为；在模型设置完成后，设计者可以运行仿真，观察机械系统的运动和载荷响应。ADAMS 提供了丰富的后处理工具，可以生成各种图表和动画，帮助设计者直观地理解仿真结果。

根据仿真结果，设计者可以评估机械系统的性能，识别潜在的问题和不足之处，进而可以对模型进行修改和优化，如调整部件尺寸、改变材料属性、改进结构布局等，再重新进行仿真分析，直到达到满意的设计效果。同时，设计者可以将模型用于实际原型的制造和测试。通过对比仿真结果和实际测试数据，可以进一步验证虚拟样机设计的有效性，并对设计进行最终确认。

5.4.4　计算机辅助设计实例

本节以轮腿复合机器人设计为例介绍计算机辅助设计过程。该机器人设计要求为实现两种运动模式，即迈步行走与轮式移动。采用 SolidWorks 软件进行三维建模。

1. 三维建模

为了使轮腿复合机器人在迈步行走状态下具有较强的越障能力，轮式移动状态下具有较为灵活的调姿转向功能，选择并联机构作为机器人的腿部机构。每条腿通过两个 UPS 支链的万向副和三个支链上的移动副实现腿部行走动作；采用带有自锁功能的驱动电动机实现轮式行走。万向副结构如图 5-15 所示。

UPS 支链上万向副的电动机通过螺栓安装

图 5-15　万向副结构

1—静平台连接板　2—万向副驱动电动机　3—传动齿轮组　4—万向副十字轴承架　5—万向副驱动转轴

在机械腿的静平台上，静平台上还有电动机、斜齿轮组以及万向副驱动转轴。当电动机工作时，通过斜齿轮组之间传动使万向副的转轴转动；当电动机停止工作时，通过齿轮间的自锁功能，万向副靠近固定平台的转动轴被锁定而无法转动，此时两个自由度的万向副变为一个自由度的转动副。

将轮、足转换装置与腿部并联机构串联并放置在机械腿的末端，该装置具有轮、足之间自动转换的功能。轮、足转换装置的三维模型如图 5-16 所示。

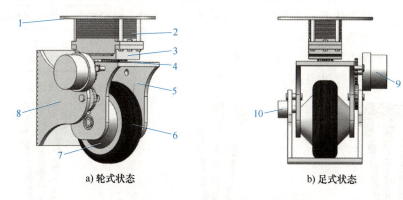

a) 轮式状态　　　　　　　　　　b) 足式状态

图 5-16　轮、足转换装置的三维模型

1—轮足连接平台　2—转向舵机　3—舵机连接架　4—转向传动装置　5—车轮连接架
6—车轮　7—轮毂电动机　8—足底　9—转换电动机　10—吸盘式电磁铁

机械腿结构由腿部并联机构与足部轮足转换装置构成。当机器人轮式运动时，足底翻转为垂直状态，此时通过轮毂电动机驱动实现轮子的转动，如图 5-17a 所示；当机器人足式运动时，足底翻转为水平状态从而实现迈步行走，如图 5-17b 所示。

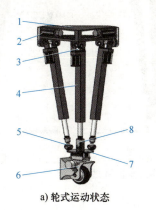 

a) 轮式运动状态　　　　　　　　　　b) 足式运动状态

图 5-17　机械腿三维模型

1—固定连接平台　2—万向副驱动组件　3—万向副连接架　4—电动推杆
5—球面副　6—轮足转换装置　7—运动平台　8—万向联轴器

2. 静力学分析

利用 ANSYS 有限元分析软件对机械腿进行静力学仿真，可以根据力学响应的结果得到机械腿的受力情况，判断机械腿是否满足机器人设计的承载要求。分析前对机械腿结构适当

109

简化，再对机械腿进行静力学仿真分析，具体的仿真流程如图 5-18 所示。

图 5-18　机械腿有限元分析过程

在仿真环境中添加机械腿的材料：各个连接件、运动副为普通碳钢；静平台、动平台、移动杆件为铝合金。划分网格：网格的长和宽设置为 2 mm。设置约束条件：在定平台上表面添加 Fix support 命令，然后添加运动副与连杆之间的约束。施加力载荷：根据实际负载要求，在机械腿足端表面添加大小为 300N 的力，方向竖直向上。通过 ANSYS Workbench 静力学仿真，得到机械腿的应力云图、应变云图和总形变，主要过程及结果如图 5-19 所示。

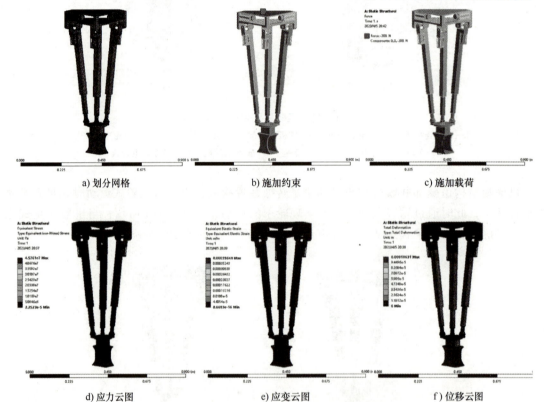

a) 划分网格　　　　b) 施加约束　　　　c) 施加载荷

d) 应力云图　　　　e) 应变云图　　　　f) 位移云图

图 5-19　机械腿静力学仿真过程

3. 优化设计

机身连接板是整体结构中质量比较大的零部件，为了对整机进行轻质化设计，以机身连接板为例，进一步进行优化设计。采用拓扑优化设计的方法，目的是保证在原有结构的刚度和强度的基础上，减轻机体的整体质量，提升机器人的运动效率。

设定拓扑优化的目标，质量最小化作为目标函数，以满足结构强度和刚度为状态变量，寻找结构的可去除面积，达到减轻质量的目的。机械腿拓扑优化过程如图 5-20 所示。

1）应用 ANSYS 中的 Topology Optimization 模块并导入连接平台的模型。

2）对机械腿连接平台施加载荷和约束。在连接平台与机械腿相互连接的孔上施加固定约束，在机械腿连接平台与上方座椅接触的面上施加力载荷。

3）设置拓扑优化目标为连接平台的质量最小化，并进行求解，最终得到连接平台拓扑优化结果，如图 5-21 所示。图 5-21b 所示深色区域为可以去除材料面积。

4. 运动学仿真

将 SolidWorks 中绘制的并联机构模型文件保存为 x-t 格式，并导入 ADAMS 中进行运动学验证，如图 5-22a 所示。设置仿真时间 $T = 30s$，仿真步长为 500，添加动平台中心点的驱动函数，如图 5-22b 所示。

通过使用 ADAMS 软件中的测量工具对并联机构各支链运动副进行测量，得到各支链移动副的位移、线速度、线加速度变化曲线，以及 UPS 支链转动副的转角、角速度、角加速度的变化曲线，如图 5-23～图 5-25 所示。

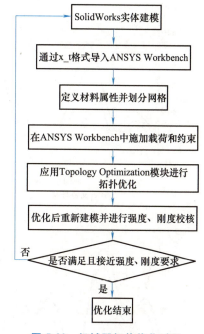

图 5-20　机械腿拓扑优化过程

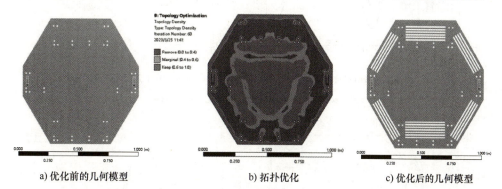

a) 优化前的几何模型　　　b) 拓扑优化　　　c) 优化后的几何模型

图 5-21　连接板优化前后的几何模型

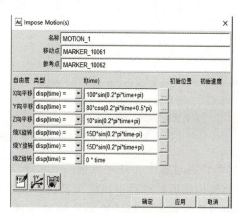

a) 导入简化模型　　　　　　b) 动平台驱动点设置

图 5-22　创建仿真环境

111

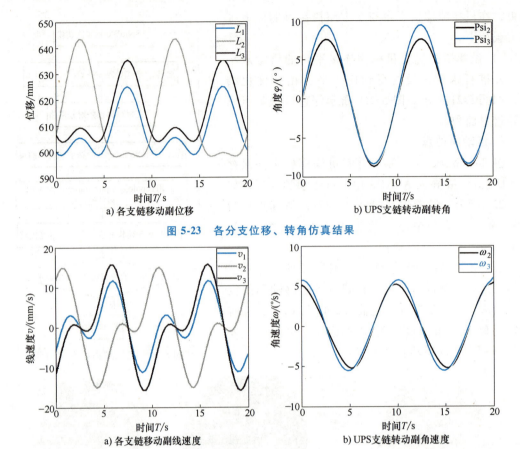

图 5-23　各分支位移、转角仿真结果

图 5-24　各分支线速度、角速度仿真结果

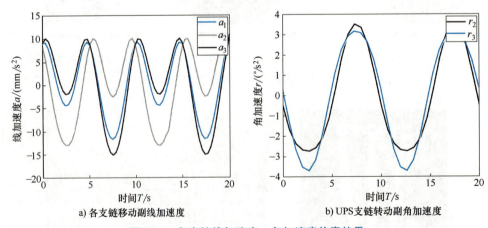

图 5-25　各支链线加速度、角加速度仿真结果

在 ADAMS 仿真过程中，并联机构的三个驱动杆之间和两个驱动转轴之间未发生干涉的情况，表明该机构在运动过程中比较平稳，各支链驱动性能较好。

进一步模拟测试行走过程，绘制轮腿复合机器人的三维模型及地形的模型，如图 5-26 所示。

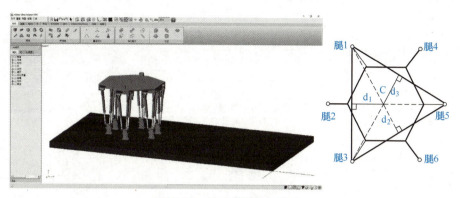

图 5-26　创建虚拟样机模型

添加机械腿足端与地面的接触力，在 ADAMS 菜单栏中选择"特殊力"中的"接触力"，并选择接触类型为"实体对实体"，添加机械腿各零部件之间的连接关系。

将机器人的六个足端参考点导入平地行走的轨迹曲线，使用 ADAMS 软件中的 General Motion 对足端点进行驱动。仿真结束后通过测量工具得到机械腿移动副伸缩位移变化量和转动副转动角度变化量，将测量的结果转化为曲线并导入到机械腿的各个驱动副中，进行机器人的运动仿真分析，设置仿真步长为 1000。机器人在平地行走时的仿真过程如图 5-27 所示。

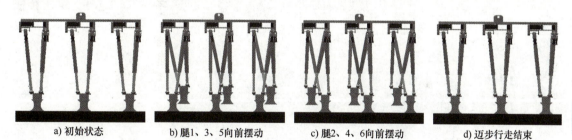

a) 初始状态　　b) 腿1、3、5向前摆动　　c) 腿2、4、6向前摆动　　d) 迈步行走结束

图 5-27　机器人平地行走仿真

在此基础上，可通过使用 ADAMS 中的测量工具，对机器人机械腿的驱动副进行测量，进一步得到机械腿驱动移动副位移、线速度、线加速度以及驱动转动副角度、角速度、角加速度随时间变化的曲线等输出数据（此处略），并可根据虚拟样机仿真结果进行步态和工作参数等问题的进一步优化。

轮腿复合机器人

113

第 6 章　机械创新设计实践

道虽迩，不行不至；事虽小，不为不成。

——《荀子·修身》

第6章

机械创新设计实践

创新设计在各个领域发挥着重要作用，对于正在进行机械工程专业学习的学生和从业者来说，机械创新设计实践过程是至关重要的。通过不断的学习与实践，不仅能够提升自身的专业素养和技能水平，还能培养创新意识、团队协作能力和综合素质。本章主要从在校学习的本科生和硕士研究生的视角进行讲述，并为从业者提供一定的设计实践参考。

机械创新设计实践需要掌握一定的基本知识，如"机械原理""机械设计""机械制图""机械制造基础""机械系统设计"等课程中讲述的知识，并注重在实践中学会如何应用，如何推陈出新，同时关注行业发展趋势和技术创新。在实践过程中，需要不断尝试、改进和优化设计，锻炼自己的创新思维和解决问题的能力，勇于突破传统思维，提出新颖的设计方案，通过实践更好地理解和掌握专业知识，提高自身的学习能力和专业素养。

实践活动以团队形式进行，从方案构思到产品制造及其推广的全生命周期，涉及方案设计、技术设计、结构设计、加工工艺等多个方面。产品的全生命周期包括产品的孕育期（产品市场需求的形成、产品规划、设计）、生产期（材料选择制备、产品制造、装配）、储运销售期（存储、包装、运输、销售、安装调试）、服役期（产品运行、检修、待工）和转化再生期（产品报废、零部件再利用、废件的再生制造、原材料回收再利用、废料降解处理等）的整个闭环周期，如图6-1所示。

全生命周期设计有助于提升设计者的创新思维水平，锻炼将创新设计付诸实践的制造工艺能力、实际动手操作能力、工程管理能力和团队合作能力。在这个过程中，需要学会与他人沟通、协作，共同完成设计任务。

实践涉及多个环节，包括专业技术、项目管理、市场调研等，需要关注各个方面的知识和技能。此外，实践还能锻炼设计者的抗压能力、自我调节能力等心理素质，培养良好的职业道德和敬业精神。团队成员可以更好地认识各自的兴趣

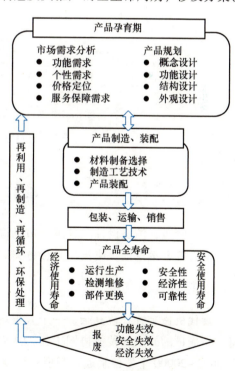

图 6-1　全生命周期与全寿命期

和优势，为今后的职业规划提供依据。实践过程中所积累的经验和技能，对于未来的学术研究和职业发展都具有参考作用。

实践活动可选择某一方向或主题展开，选题充分考虑每名队员学生感兴趣的课题和方向，以需求为牵引，技术为推动，注重基于问题、基于兴趣的探究式题目，侧重从工程实际问题入手，把解决工程问题融于实践过程，培养个人积极思考、主动探究的学习方法。

实践过程分为方案设计、技术设计与工艺设计三个阶段，以团队形式完成一个产品从方案构思到产品制造及其推广的全生命周期，三个阶段对应的内容如图 6-2 所示。

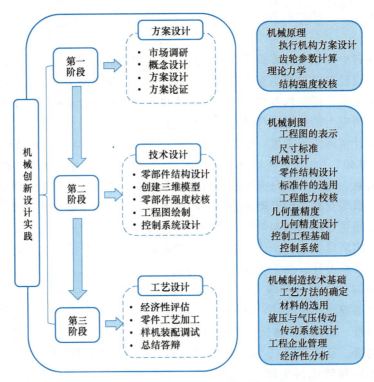

图 6-2　机械创新设计实践的三个阶段

6.1　方 案 设 计

第一阶段，围绕设计主题进行市场调研，完成概念设计、系统方案设计，通过技术、经济、动力等方案论证，决策出最优方案。

6.1.1　组建团队

现代机械装置日益复杂，一个人很难完成整个产品设计工作，通过团队合作，合理利用每一个成员的知识和技能协同工作，从而解决问题，达到共同的设计目标。例如，一辆汽车由 8000~20000 个零件组成，需要不同专业的设计人员共同配合设计完成。

组建团队要合理确定团队组成，并设置团队负责人一名，可自荐或由团体成员集体选出，负责项目的总体协调工作。团队组成需考虑成员之间的互补性，能够良好沟通、分享信息并相互信任。一组优秀的队员未必能组成一个优秀的团队，如果不能目标一致、形成合力，有可能互为掣肘。团队任务包括发现问题、提出方案、评价方案、做出决策和付诸实现，在此过程中团队成员要学会如何合作，并能够提出建议和进行表达，以帮助团队做出正确的决策。对于在校学生，在实践过程中应配有指导教师，指导学生整个实践过程，并给出专业意见。

实践的不同阶段需要很多任务和角色，团队成员可能会随着项目的进行去承担不同的角色和任务。在项目实施过程中，每个队员可以承担多项任务，无论一名队员是否承担多项任务或者转换角色，都要保证其在某一阶段团队中的分工明确。在此期间，团队负责人按计划督促队员如期完成项目内容，组织团队开会讨论、沟通协调、掌握进度，并做好相关记录存档。

6.1.2　主题拟订与调研

实践项目由团队成员共同确定，可以是实际生活中需要解决的问题、了解到的专业技术问题，也可以是学校组织的各项创新创业竞赛主题。合理的项目题目是项目顺利开展的关键，要仔细考虑和选择。下面是一些选题过程中的建议。

1. 结合市场需求

对于产品来说，痛点一般是指尚未被满足的而又被广泛渴望的需求，有些情况下，也直接指代需求。机械是人造的用来减轻或替代人类劳动的多件实物的组合体。机械设计应该以需求为目标，实现某种功能。主题可以结合市场痛点和技术难题去挖掘，从以下几方面来考虑。

1）扎根中国大地了解国情民情，遵循发现问题、分析问题、解决问题的基本规律，将所学专业知识、技能和方法应用于解决各类社会问题。

2）了解本专业的国内外发展现状、技术现状、竞争格局、产业趋势，聚焦于行业亟待解决的问题。

3）了解乡村振兴、农业农村现代化、城乡社区发展的内容和要求，了解其中的痛点、难点，进而将所学专业应用于解决相关问题。

2. 团队成员的研究兴趣和擅长领域

在选择创新项目的主题和方向时，也可根据自己的兴趣和擅长的领域来选择，这样能够更好地发挥自己的实力和优势，可以从以下几方面来考虑。

1）回顾自己的学习和生活经历，找出自己在学习和生活中观察到的问题，思考有哪些解决方式。

2）考虑自己的个人爱好和兴趣，通常在个人爱好的领域内会积累更多的常识和见闻，这有利于将其转化为项目的主题和方向。

3）与团队成员交流大家共同感兴趣的话题，相互交流各自的看法和建议，碰撞出思维的火花。

3. 结合各竞赛类比赛主题

竞赛类题目可以从表6-1中选择。

每个比赛都有不同的要求和赛制，如主题范围、规则、方向要求和时间限制等。可以通过以下几种方式来了解比赛的要求和限制。

1）仔细阅读比赛的官方规定和说明，了解比赛的主题、要求和限制，其中一些竞赛每届的主题会变化，要及时了解下一届比赛的主题方向。附录1列出了教育部认定的全国普通

表 6-1　竞赛类题目

类型	题目方向	内　容
创新类	全国大学生机械创新设计大赛、中国大学生机械工程创新创意大赛、全国三维数字化创新设计大赛等大赛主题	根据比赛主题要求进行机械创新设计,如巡检机器人、管道检测机器人、清洁设备等
创业类	中国国际大学生创新大赛、大学生创新创业训练计划项目	产品设计与推广,通过设计项目进行创新创业训练,如助农装置、生态修复机械等
特定模块	全国大学生机械创新设计大赛慧鱼组等	利用实验室慧鱼试验箱等设备进行特定种类的创新设计,如家居机器人、仿生机械等
自主命题	学生根据自己的兴趣、特长自主选题	任意具有创新性设计方向,征得指导教师确认后方可实施

高校大学生竞赛榜单内的竞赛项目名单,供读者参考（每年可能有变动,以教育部最新颁发版本为准）；附录 2 列出了全国大学生机械创新设计大赛历届主题和内容；附录 3 给出了全国大学生机械创新设计大赛作品设计说明书实例。

2）与指导过该类竞赛的指导教师或者曾经参加过这类比赛的同学交流,了解比赛的主题和要求。

3）参考其他同类型比赛的作品和经验,了解比赛的主要特点和要求。

4）结合自身参与过的比赛和研究实践活动,利用已有的研究基础,进一步改进方案或拓展应用领域。

团队成员应尽量多提出自己的见解,如可以采用头脑风暴的形式,经团队充分讨论,确定最终设计主题。

4. 考虑实际可行性

选择项目的主题和方向时,一定要充分调研,确定实际可行性。针对实践不同阶段的要求,要具备足够的时间和资源来完成,确认是否有足够的知识和技能来实现等。题目不可过于简单而达不到课程要求,也不要太难而无法实现。一方面,合理规划项目时间,尽可能利用课时外的业余时间；另一方面,如果课题研究方向确实具有研究意义,但无法在课程时间内完成,可以选择其中部分内容作为课题,后续再进一步完成。

调研是指对某个特定领域或问题进行深入了解和收集相关信息的过程。这个过程可以帮助团队更好地了解一个领域或问题的现状、发展趋势、市场需求等重要信息。在进行调研与查新的过程中,首先需要确定研究的领域或问题,并制订相应的研究目标和计划。随后,可以通过文献、书籍、新闻、会议等各种途径收集相关信息,给出相应的统计数据信息和直观图表说明。

在收集信息的同时,需要记录调研内容的出处,整理参考文献,并附在报告中。

调研与查新在各个领域都有广泛的应用。在学术领域,调研与查新是进行科学研究的必要过程,可以帮助研究人员了解领域内前沿的研究进展和现有的研究成果。在产品设计领域,调研与查新可以了解市场需求情况,以制订更好的产品设计规划。市场需求的现代特征包括用户分类、用户特征等方面,见表 6-2。

表 6-2　市场需求的现代特征

类别	细目		内容
用户分类	按需求目的	生产型	把产品作为生产资料的用户,其追求重点是能否创造出最大利润,即最大的投入与产出之比
		生活型	把产品作为生活消费用途的用户,他们侧重于关心产品的实用性、安全性、舒适性以及卫生性等
		特殊型	对产品有某些特殊要求的用户,特殊的技术需求和专业领域对产品评价,尤其是特殊的要求和指标
	按市场属性		按市场属性可将用户划分为工业用户、商业用户、个人用户三大类。用户属性不同,对产品规格、品种以及技术指标等方面的要求也不同,是构成产品品种多样化、规格系列化的主要依据之一
	按地理位置		地理位置是指用户所处的地理区域,不同地理区域的自然环境、人文风俗对产品设计的要求
	按社会经济地位		主要根据职业、收入、教育程度等对用户进行划分
用户特征	市场特征	群体性	与用户相关的工作环境、家庭环境、社会团体等因素对用户需求行为的影响
		认知性	用户在广告宣传、感观刺激等市场因素影响下所产生的需求
	经济特征	经济能力	表现为用户的购买能力,是确定产品目标成本和决定其能否商品化的依据
		价值观念	物质价值、精神价值等价值观念对用户所产生的需求影响
	心理特征	个性	可将用户划分为:习惯型、冲动型、经济型、情感型等,是用户所特有的不同于他人的明显特征
		感觉	是用户对产品刺激所产生的反应,如引起注意、出现误解、选择记忆等
		信念	是用户对产品的认同程度,有的建立在科学基础上,有的建立在某种见解基础上,有的建立在信任基础上等
	社会特征		指用户所处的社会地位和生活环境,对其购买能力和购买心理的影响
	文化特征		用户的教育程度、思维方式、道德情操、生活习惯等对用户需求的影响

5. 现有技术检索

初步确定设计方向和研究目标后,应充分调研现有技术背景和国内外研究现状,了解该领域技术现状,可以通过文献、专利检索,在充分了解现有技术和产品现状的基础上去进行创新设计。

（1）文献检索　以中国知网平台为例,可通过了解到的"作者""文献来源"等要素进行检索,也可以通过所研究方向的"关键词""主题""篇名"等要素进行检索,图 6-3 所示为知网检索关键要素界面示例。初步检索时应尽量扩大检索范围,在广泛调研的基础上,再进一步筛选检索文献,例如,可在初步检索"减振器"的文献中进一步筛选"汽车",找到相关文献。除中文文献外,还应尽可能多地了解一些国外英文文献,扩大视野。

（2）知识产权检索　知识产权检索是一种查找、分析和评估知识产权信息的方法。知识产权检索主要包括专利检索、商标检索、著作权检索等,目的在于获取相关知识产权的信息,为知识产权创造、运用、管理和保护提供支持。

专利检索是知识产权检索中最为常见的一种,主要是针对专利文献进行查找和分析。专

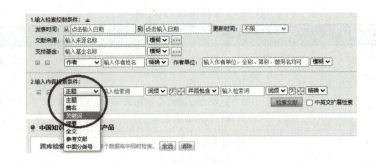

图6-3　知网检索关键要素界面示例

利检索可以帮助发明人了解现有技术水平，评估自己的发明创新程度。同时，专利检索的过程也是市场调研现有技术及应用的过程。检索数据库包括中国专利局等的官方数据库，以及商业数据库。专利分为发明专利、实用新型专利、外观专利和软件著作权。想要明确主题，可以通过有限个关键词对目标进行精准检索，也可以经过深入分析来逐步扩大范围，以此来缩小、聚焦所需要的精准信息域。可以运用布尔运算、限定条件等方法，提高检索效果。团队成员应分别进行检索，以保证项目检索内容全面、充分，以免遗漏重要信息。

6.1.3　方案对比与评价

确定主题后，运用第4章创新思维与技法所讲述的内容，开展创新思维训练，拟订可行方案。方案的拟订是一个复杂的过程，需要考虑许多因素，包括目标、资源、时间、成本等。

1. 方案制订

制订方案的基本步骤如下。

（1）明确目标和需求　通过调查研究和收集信息，了解市场需求、现有技术手段、竞争情况，了解现有的资源和限制条件。明确设计目标和需求，有助于确定方案的重点和具体内容。

（2）提出可行方案　在前期功能分解的基础上，队员已掌握了方案的多样性和组合性，那么在选择方案时，每名队员都应该提出自己的意见。备选方案制订过程中，每组内至少提出3~5种可行方案以进行对比分析。通过方案对比与评价，尤其是对比实现各部分功能的原理，确定最佳的设计方案。

（3）制订计划和预算　在确定方案后，需要制订详细的计划和预算，并确保方案按照预期实施。计划执行过程中需要制订监督机制，这有助于跟踪进度和结果，并及时进行调整和改进。需要对方案进行跟踪和评估，以及处理任何问题和风险。团队负责人要负责阶段性进度的总结与记录，并反馈给团队成员，还应与指导教师定期进行交流，指导教师在设计过程的关键环节要给出意见并审核。

2. 方案评价

对团队成员确定的备选方案，可以从功能、经济性、可靠性、安全性、外观等方面进行评价，分别设定评价指标。评价指标应尽量全面而有代表性，能综合反映整体目标在技术、经济、外部环境等各方面的要求。同时，应注意区分各项评价指标对整体性能影响的重要程度，评价前对各评价指标赋以合理的评价比重，即权重 W。

权重 W 一般可用 0~1（或 0~100）的正实数表示，评价指标的重要程度越大，则其分配的权重也越大，各评价指标总权重 $W_\Sigma = 1$（或 100）。必要时，也可对各评价指标进一步划分子指标及其对应的子权重。

确定各评价指标后，对每个方案的各个评价指标进行打分，如采用加权综合评分法确定。打分时给出对应的性能评语或对应分值（见表 6-3），将各指标的性能评语转化为标准分 S。

表 6-3 性能评语转化为标准分

性能评语	标准分	性能评语	标准分
优	1.0	可	0.4
良	0.8	劣	0
中	0.6		

例如，现有备选方案为 P_1、P_2、P_3 三个方案，考虑功能 B_1、成本 B_2、可靠性 B_3 三个评价指标。采用加权综合评分法可得到表 6-4 中的评价矩阵。最后对每个方案的加权综合评分值进行比较，确定最佳方案。

表 6-4 评价矩阵举例

评价指标 B		B_1	B_2	B_3	加权综合评分值
权重 W		W_1	W_2	W_3	S
分数	方案 P_1	S_{11}	S_{12}	S_{13}	$W_1 S_{11} + W_2 S_{12} + W_3 S_{13}$
	方案 P_2	S_{21}	S_{22}	S_{23}	$W_1 S_{21} + W_2 S_{22} + W_3 S_{23}$
	方案 P_3	S_{31}	S_{32}	S_{33}	$W_1 S_{31} + W_2 S_{32} + W_3 S_{33}$

6.1.4 运动学分析

无论是了解现有机械的运动性能，还是机械创新设计，机构运动分析都是设计过程中的重要一步。该环节可结合"理论力学""机械原理"课程相关知识，分析执行机构的运动方案，进行运动学分析等相关计算。在确定机构尺寸及原动件运动规律的情况下，分析机构中其他构件上某些点的轨迹、位移、速度及加速度，以及构件的角位移、角速度及角加速度，这也是接下来研究机械动力性能的必要前提。

机构运动分析的方法很多，主要有图解法和解析法。图解法比较直观，解析法比较精确。当需要简捷直观地表达机构的某个或某几个位置的运动特性时，宜采用图解法，当需要精确地分析机构在整个运动循环过程中的运动特性时，宜采用解析法。解析法借助计算机进行分析，不仅可获得很高的计算精度及一系列位置的分析结果，并且能绘出机构相应的运动线图。

6.1.5　受力分析

结合"材料力学""机械设计"相关知识，对关键零件进行受力分析，即得到零件所受到的载荷。

理论计算所用到的零件上的载荷称为名义载荷 F_N，实际工况中零件还会受到各种附加载荷，在计算时通常将载荷系数 K（或者有时只考虑工作情况的影响，引入工作情况系数 K_A）带入计算。载荷系数 K 与名义载荷 F_N 的乘积，称为计算载荷。相应地，按名义载荷用力学公式求得的应力，称为名义应力；按计算载荷求得的应力，称为计算应力。

受力分析时，要确定力的三要素：大小、方向和作用点。受力分析是下一步结构设计的前提，对于零件的具体结构尺寸，需要根据计算的应力和所选用的材料进行计算。当机械零件按强度条件判定设计时，可采用许用应力法或安全系数法。许用应力法设计是使比较危险截面处的计算应力小于零件材料的许用应力；安全系数法要使比较危险截面处的安全系数大于或等于许用安全系数。

6.1.6　原理方案总结

第一阶段设计完成后，需要进行方案总结，可由团队负责人或指定成员进行汇报，汇报可采用 PPT、视频和报告等形式，直观地介绍项目方案的基本原理，应包含文献调研、概念设计、系统方案设计等内容。

6.2　结 构 设 计

第二阶段的主要任务是零部件结构设计和控制系统设计，对主要零部件进行工作能力计算（包括强度、刚度、稳定性和工作寿命计算等），创建三维模型，最后绘制出二维工程图。

6.2.1　系统设计

在系统设计的整体框架中，首先面向执行系统进行设计，以确保其能够满足机器所需的核心功能；针对执行系统的工作特性，确定动力系统，以确保其能够为执行系统提供稳定且高效的动力支持；基于执行系统与动力系统之间的运动形式和动力需求，选择适当的传动系统，以实现两者间的转换。结合上述各子系统的设计，设计满足使用要求的操纵和控制系统，以确保整个系统的高效运行与稳定性。

1. 执行系统

执行系统包括机械的执行机构和执行构件，是利用机械能改变作业对象的性质、状态、形状或位置，或对作业对象进行检测、度量等，以进行生产或达到其他预定要求的装置。

执行系统通常处在机械系统的末端，直接与作业对象接触，其输出是机械系统的主要输出，其功能是机械系统的主要功能。因此，执行系统有时也被称为机械系统的工作机。执行系统的功能及性能，直接影响和决定机械系统的整体功能及性能。功能有多解性，为实现机械系统的特定功能，可有多种执行系统方案，但各方案的其他功能及性能指标，如可靠性、经济性、动力学特性等往往不尽相同。因此，对执行系统尤应进行多方案的技术、经济分析比较，以便择优选用。

如图 6-4 所示的机械臂执行机构，由舵机连接构成，通过舵机的配合运动带动机械臂在三维空间自由移动。机械臂主要由两大部分组成，包括大臂、小臂和执行机构（机械手爪），每一个机构分别由独立的舵机控制。大臂通过舵机协调配合完成所需动作，机械手爪位于机械臂末端，由舵机驱动不完全齿轮正反转，从而实现夹取功能。

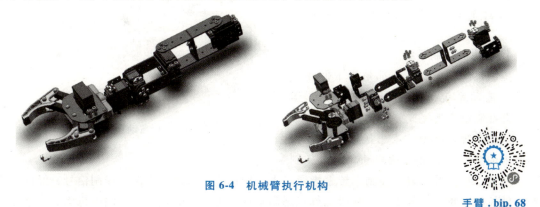

图 6-4　机械臂执行机构

手臂 . bip. 68

2. 动力系统

动力系统包括动力机及其配套装置，是机械系统工作的动力源。按能量转换性质的不同，动力机可分为一次动力机和二次动力机。一次动力机是把自然界的能源（一次能源）转变为机械能的机械，如内燃机、汽轮机、燃气轮机等，其中内燃机广泛用于各种车辆、船舶、农业机械、工程机械等移动作业机械，汽轮机、燃气轮机多用于大功率高速驱动的机械。二次动力机是把二次能源（如电能、液能、气能）转变成机械能的机械，如电动机、液压马达、气压马达等，在各类机械中都有广泛应用，其中尤以电动机应用最为普遍。由于经济上的原因，动力机输出的运动通常为转动，而且转速较高。

选择动力机时，应全面考虑现场的能源条件，执行系统的机械特性和工作制度，机械系统的使用环境、工况、操作和维修，机械系统对起动、过载、调速及运行平稳性等的要求，经济性和可靠性等。

3. 传动系统

传动系统是把动力机的动力和运动传递给执行系统的中间装置。传动系统有下列主要功能。

（1）减速或增速　把动力机的速度降低或增高，以适应执行系统工作的需要。

（2）变速　当用动力机进行变速不经济、不可能或不能满足要求时，通过传动系统实现变速（有级或无级），以满足执行系统多种速度的要求。

（3）改变运动规律或形式　把动力机输出的均匀连续旋转运动转变为按某种规律变化的旋转或非旋转、连续或间歇的运动，或改变运动方向，以满足执行系统的运动要求。

（4）传递动力　把动力机输出的动力传递给执行系统，供给执行系统完成预定任务所需的功率、转矩或力。

传动系统在满足执行系统上述要求的同时，应能适应动力机的机械特性，尽量简单。如果动力机的工作性能完全符合执行系统工作的要求，传动系统也可省略，可将动力机与执行系统直接连接。

如图 6-5 所示的垃圾自动分类分拣机，包括传送、筛分和分拣三个传动部分。根据传送要求选取驱动电动机，进行传动比的计算，再根据传动比计算结果和负载要求进行带传动和齿轮传动的设计，完成轴及轴上零件的设计与校核。同样，分拣机构要完成气缸的选取以及筛分机构凸轮的设计。

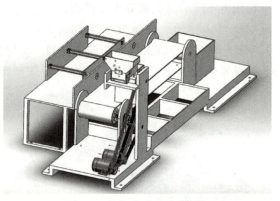

图 6-5　垃圾自动分类分拣机

4. 操纵和控制系统

操纵系统和控制系统都是为了使动力系统、传动系统、执行系统彼此协调运行，并准确可靠地完成整机功能的装置。

操纵系统多指通过人工操作以实现上述要求的装置，通常包括起动、离合、制动、变速、换向等装置。控制系统是指通过人工操作或测量元件获得的控制信号，经由控制器，使控制对象改变其工作参数或运行状态而实现上述要求的装置，如伺服机构、自动控制装置等。如图 6-6 所示的汽车操纵系统的主离合器，分离状态时，主离合器的踏板被踩到最深处，压盘与从动盘之间、飞轮与从动盘之间有分离间隙存在，动力中断；接合状态时，松开离合器踏板，压紧弹簧将压盘、飞轮及从动盘互相压紧，传递动力。

图 6-6　汽车操纵系统的主离合器

6.2.2　零部件的设计与校核

1. 零部件结构设计

零部件结构常规设计方法是指采用一定的理论分析和计算，结合人们在长期的设计和生产实践中总结出的方法、公式、图表等进行设计的方法。在 2.4 节机械零件设计概述中介绍了几种常用零部件设计准则，尤其对于通用零件设计方法已相对成熟，可参照《机械设计》教材和《机械设计手册》相关内容进行设计计算。对于特殊零件的设计可查阅相关设计书籍，必要时可采用现代设计方法与手段，如机械优化设计、机械可靠性设计、计算机辅助设计等方法。

2. 强度校核

采用相应的判定条件设计零件的形状并完成主要尺寸的设计计算之后，即可初步拟订各部分零件的结构和尺寸，很多零件还需进一步按照相应判定条件进行零部件尺寸参数的验算，即校核。

在实际设计中，有些零件的校核计算是设计计算的逆运算，即为验算过程，如螺栓的强度计算与校核。而有些零件的校核计算与设计计算是采用不同的判定条件，如齿轮设计中轮齿弯曲疲劳强度和齿面接触疲劳强度的判定条件。

在一般机器中，只有一部分关键零件是通过计算确定其形状和尺寸的，而其余的零件则仅根据工艺要求和结构要求进行设计，所以在设计之后要进行必要的校核计算。

6.2.3　零部件的精度设计

机器是由零件组装而成的，完成零件的设计与校核，确定了各部分零件的结构和尺寸后，还需要进一步结合实际需要进行加工精度设计。加工精度是指加工后零件表面的实际尺寸、形状、位置三种几何参数与图样要求的理想几何参数的符合程度。在此部分精度设计中要参照《几何量精度设计与检测》等相关书籍进行设计。

大规模生产要求零件具有互换性，以便在装配时不需要选择和附加加工，就能达到预期的技术要求。为了实现零件的互换性，必须保证零件的尺寸、几何形状和相对位置以及表面粗糙度的一致性。就零件尺寸而言，零件的设计尺寸（即公称尺寸）只有一个，而实际零件加工完成后不可能要求所有加工零件的尺寸都等于公称尺寸，有时候公称尺寸也并不是理想的加工尺寸。为保证互换性，要使零件加工得到的尺寸介于两个允许的极限尺寸之间，这两个极限尺寸之差称为尺寸公差。

加工后的零件会有尺寸误差，因而构成零件几何特征的点、线、面的实际形状或相互位置与理想几何体规定的形状和相互位置存在差异，这种形状上的差异就是形状公差，而相互位置的差异就是位置公差，两部分差异统称为几何公差。

此外，零件还需要确定其表面粗糙度。表面粗糙度用来衡量零件表面的微观几何形状误差，表现为加工后在零件表面留下的微细、凸凹不平的刀痕。完成了零件精度设计，才能进行零件图和装配图的绘制。

6.2.4　控制程序设计

控制程序是指用来管理和控制计算机硬件和软件资源的一组指令和数据，负责协调和控制计算机系统中各个组成部分的工作，使其能够按照预定的规则和顺序运行。控制程序设计是指针对某种自动化系统或设备，编写用于控制其运行和行为的软件程序的过程。这类程序通常用于工业控制、自动化生产线、机器人控制、物联网设备等，其目的是确保设备按照预定的方式执行操作，以达到要求的生产效率、安全性和质量标准。设计一个高效可靠的控制程序对于保证计算机系统的稳定运行和提高系统性能至关重要。

1. 控制程序的特点

（1）稳定性　控制程序应具备稳定性，能够在各种异常情况下保证系统的正常运行。

（2）可扩展性　控制程序应具备良好的可扩展性，能够适应不同规模和需求的计算机系统。

（3）高效性　控制程序应具备高效性，能够快速响应用户的请求，并能够有效利用系统资源。

2. 设计原则

（1）模块化设计　将控制程序划分为多个功能模块，每个模块负责一个特定的任务，便于开发和维护。

（2）高内聚低耦合　模块之间应尽量减少依赖关系，降低模块之间的耦合度，以提高系统的灵活性和可扩展性。

（3）异常处理　控制程序应具备良好的异常处理机制，能够及时捕获和处理各种异常情况，以保证系统的稳定运行。

（4）性能优化　控制程序应优化算法和数据结构，提高系统的运行效率和响应速度，以提升用户体验和系统性能。

3. 实施步骤

控制程序设计的关键要素和步骤如下。

（1）需求分析　确定控制程序需要实现的功能和目标。这包括理解系统的工作流程、操作条件、输入输出要求以及安全性和可靠性等方面的需求。

（2）系统设计　在需求分析的基础上，设计控制系统的整体架构和逻辑。这包括确定控制算法、状态机设计、输入输出接口定义等。

（3）编程实现　根据系统设计，编写控制程序的具体代码。常见的编程语言包括C/C++、Python、Java等，所选择的编程语言取决于应用场景和性能需求。

（4）调试和测试　对编写的控制程序进行调试和测试，确保程序在实际运行中能够按照预期的方式控制设备或系统。这包括单元测试、集成测试以及模拟环境和真实环境下的验证。

（5）部署和优化　将调试通过的控制程序部署到目标设备或系统中。此过程可能涉及软件部署、硬件接口调整以及性能优化，以确保程序能够在生产环境中稳定和高效运行。

（6）维护和更新　定期进行控制程序的维护和更新，以适应设备的升级、业务需求的变化或者软件本身的演化。这包括解决 bug、改进性能、增加新功能等。

控制系统总体设计涉及对整个控制系统的架构、功能、性能等方面进行规划和设计，可以采用控制系统框图（见图6-7）进行表示。在控制系统总体设计中，需要考虑系统的稳定性、精确性、响应速度、抗干扰能力等因素，以确保系统能够满足预定的性能指标和要求。一般还需要给出控制流程图（见图6-8），展示控制系统的控制逻辑和流程，从而确定控制

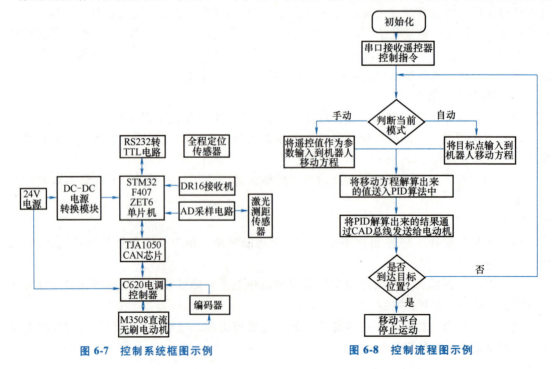

图6-7　控制系统框图示例　　　　　　　图6-8　控制流程图示例

系统的运行原理和控制过程，便于对控制系统进行分析和优化。然后采用计算机语言和代码将控制算法和逻辑转化为计算机程序，代码实现需要考虑程序的可读性、可维护性、效率等因素，以确保程序能够稳定运行并满足控制系统的性能要求。

6.2.5 图样绘制

1. 工程图样

按照设计方案进行装配图和零件图的绘制，确定各零件结构、尺寸、布局及装配关系。采用 CAD 软件进行图样的绘制，先绘制装配图以核对零件之间位置和布局关系，以及分析加工、装配工艺的正确性。确定装配图之后，再进行零件图的绘制，可参照国家制图标准和"工程制图"课程的相关要求。

图纸幅面及格式应按照国家机械制图标准进行绘制。根据机器实际尺寸制订合适的比例尺，从而确定图纸的图号大小。以两个或三个视图为主，以必要剖视图或局部视图为辅。图样进行合理布局，以保证图样的工程实用性和可读性。

装配图幅面宜采用 A0 或 A1 图号，标注必要的尺寸和配合关系，标注尺寸包括机器特性尺寸、配合尺寸、安装尺寸和外形尺寸。还应标注零件的序号、明细栏及标题栏，编制机器的技术特性表，编注技术要求说明等。在总体装配图的基础上，根据实际需要，可绘制局部或部件装配图。

零件图根据零件尺寸大小和复杂程度，宜采用 A2、A3、A4 图纸，需标注表面粗糙度、尺寸公差、几何公差等、工艺要求、热处理要求、材料的要求等。

2. 字体和字号

图样上的文字标注应当清晰易读，字体选用仿宋字体。位置标注要规范，尺寸、公差和技术要求等文字各标注在合适的位置，文字间隔均匀、排列整齐，避免与图样上其他线条重叠，以便于在图样上清晰地表达出所需的信息。

字体高度可选择为 3.5mm、5mm、7mm、10mm。序号字高要比尺寸数字的高度大一到二号，例如，如果采用尺寸数字高 5mm，序号数字则应高为 7mm。

3. 图样符号

图样符号包括图样上使用的各种标志和符号，用于表达各种工程要素的特征、尺寸、位置、材料等信息，按照国家机械制图标准中规定的要求进行标注，例如：尺寸公差与配合注法按照 GB/T 4458.5—2003；几何公差形状、方向、位置和跳动公差标注按照 GB/T 1182—2018。

4. 图框和标注

图样应当有完整的图框、标题栏和明细栏，标题栏按照国家制图标准进行绘制。明细栏是装配图上所有零部件的详细目录，应注明各零件、部件的序号、名称、数量、材料及标准规格等内容。明细栏应紧接在标题栏之上，自下而上按序号顺序填写。

填写明细栏的过程也是核对零件数量、材料和选定标准件的过程。标准件按规定标记书写，材料应标注具体的牌号。应尽量减少材料种类和标准件的规格，使用标准件的比例也体现了所设计机器的经济性。

图 6-9 所示为装配图示例。

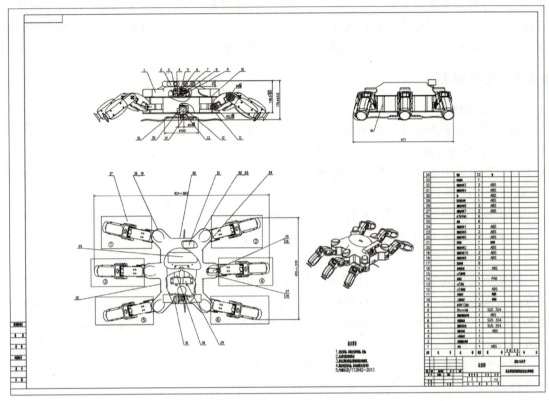

图 6-9 装配图示例

5. 电气工程图

（1）电路布局 电气工程图中的电路布局要确保能量与信息流通的顺畅，例如，可采用模块化设计将复杂电气系统分割为既独立又协同的模块，提升系统的可扩展性与灵活性。

（2）元件选型 电气元件的选型需综合考虑元件的可靠性、耐久性、能效比、成本及供应链稳定性等因素。

（3）信号传输与通信协议 在机械产品的电气系统中，信号传输的准确性与实时性至关重要，要充分考虑模拟信号与数字信号的差异，以及有线传输与无线传输的适用场景。根据产品实际需求，应用 CAN 总线、Modbus、EtherCAT 等通信协议实现设备的有效连接与高效通信。

（4）安全性 在电气工程图的设计过程中，要考虑过载保护、短路保护、接地措施及电磁兼容性等安全方面的问题，遵循电气安全标准与法规要求，确保电气工程图的设计符合规范，保证机械产品的安全使用。

图 6-10 所示为电气工程图示例。

6.2.6 结构设计总结

审查图样的完整性和正确性，分析各项技术要求，分析零件的结构工艺性。第二阶段设计完成后，应进行结构设计总结汇报，包括结构设计、三维模型与工程图、零部件的强度校核和精度分析等内容。

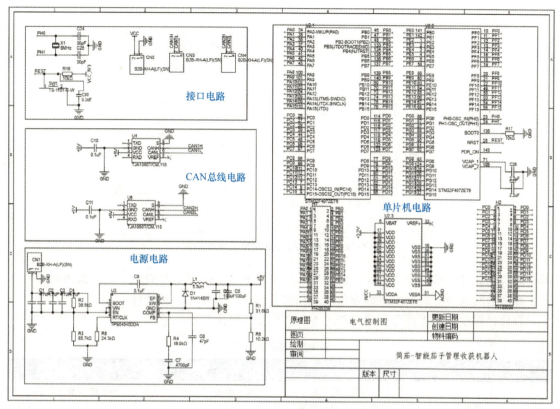

图 6-10　电气工程图示例

6.3　工艺设计

在第一阶段和第二阶段的基础上，第三阶段的主要任务为工艺设计，并完成相应方案的实物加工、整机调试，在必要情况下完成运动性能测试和精度检测。综合考虑材料选用、工艺方法、经济成本、市场期望及对环境保护和持续发展可能产生的影响。在完成度较好的基础上，可尝试进行产品推广和创业规划。

6.3.1　经济性分析

经济性是指组织经营活动过程中获得一定数量和质量的产品、服务和其他成果时所耗费的资源最少。机械产品设计过程需要考虑如何降低成本，实现均衡生产，提高生产效率和经济效益。这里所说的成本是指机械产品寿命周期成本，如图 6-11 所示。其中直接成本主要包括研究与设计、材料及采购、加工和装配等与生产直接有关的各项成本；间接成本主要包括管理、销售和用工、广告、租赁、公用事业、保险、福利和奖励、研究和发展、专利、支付利息等各非直接生产环节的支出分摊到该产品的成本。生产成本加上利润、税金则为销售价格。运行成本包括使用该设备的动力消耗费、消耗性材料费、工资及工资附加费等。

在满足产品功能要求的前提下，应尽量降低机械产品寿命周期成本。经济性分析要以机械产品寿命周期成本最低为目标，这样既能提高产品的市场竞争力，又能节约劳动力和能

129

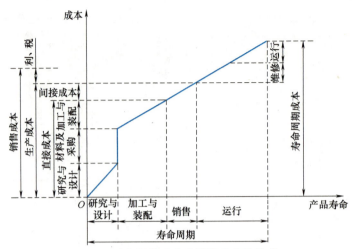

图 6-11　机械产品寿命周期成本的构成

源，提高社会经济效益。因此设计过程中，应该充分考虑设计、材料、制造、使用和维护等多方面因素对成本的影响，从而在设计过程中考虑如何提高产品经济性。

设计过程中的经济性分析可参照表 6-5 中所列出的几个方面展开。

表 6-5　经济性分析

角度	对象	内容
设计合理性	合理的可靠性要求	可靠性要求应根据系统的重要程度、工作要求、维修难易和经济性要求等多方面的因素综合考虑确定
	合理的安全系数	在防止失效的前提下，制订合理的安全系数，以免过度增加零部件的尺寸和质量
	合理的寿命	设备从开始使用至其主要功能丧失而报废所经历的时间称为功能寿命；设备从开始使用至因技术落后而被淘汰所经历的时间称为技术寿命；设备从开始使用至继续使用其经济效益变差所经历的时间称为经济寿命。按成本最低的观点，设备更新的最佳时间应以其经济寿命确定
	合理的技术要求	公差、表面粗糙度、材料力学性能等，都是用以控制和判定质量及性能合格与否的指标。在保证质量和性能要求的前提下，应尽量降低技术要求，使之容易制造，减少不合格品数量，降低成本，提高经济性
	产品效率	提高机械产品的效率应主要考虑提高传动系统和执行系统的效率。传动系统的效率通常与传动的结构形式、运动副的工作表面形态、摩擦润滑状况、润滑剂种类、润滑方式及工作条件等有关；执行系统的效率主要取决于执行机构的效率，它与机构类型、机构参数等有关
产品创新	新技术	技术创新包括新工艺、新结构和新材料等的研发，采用新技术使产品具有更好的性能和经济性，因而具有更强的市场竞争力
	新工艺	改善零部件结构工艺性是减少加工工时、提高生产率、缩短生产周期、降低材料消耗和制造成本的前提，也是实现设计目标、减少差错、提高产品质量的基本保证
标准化	产品标准	以产品及其生产过程中使用的物质器材为对象制定的标准，如机械设备、仪器仪表、工装、包装容器、原材料等标准
	生产标准	以生产技术活动中的重要程序、规划、方法为对象制定的标准，如设计计算、工艺、测试、检验等标准
	基础标准	以机械工业各领域的标准化工作中具有共性的一些基本要求或前提条件为对象制定的标准，如计量单位、优先数系、极限与配合、图形符号、名词术语等标准

（续）

角度	对象	内容
使用方面	节能	使用过程力求能源消耗少,提高机械设备的生产率,提高原材料的利用率,合理采用清洁能源方式,降低使用成本
	维修	维修能延长设备的使用寿命,是保持设备良好工作状况及正常运行的技术措施。以尽可能少的维修费用换取尽可能多的使用经济效益,是机械设备进行维修的原则
	故障诊断	对整机或者主要零部件进行特性值的测定,当发现某种故障征兆时就进行更换或修理,以延长产品寿命,提高经济性

6.3.2 加工和制造

实物加工制造与装配是按照前期设计方案,采用选择的材料和工具对物体进行加工和制造并组装成样机实物的过程。加工和制造需要使用各种加工设备与工具,如铣床、车床、钻床、切割机等。根据设计的要求,对材料进行切割、打磨、钻孔等操作,制造出所需的零件。加工和制造是实物加工制造与装配过程的核心环节,需要按照所设计的零件图和预定的加工工艺完成,尤其要注意加工精度的要求,同时进行其他零部件的采购。完成零件的加工后,根据装配图,将零部件进行装配,并进行调整和细节的处理。组装需要使用各种工具,如扳手、钳子、螺钉旋具等。

1. 切削加工

金属切削机床是机械制造的主要加工设备,是用切削的方法将金属毛坯加工成所要求的零件的机器,金属切削机床是制造机器的机器,又称为工作母机。机床在一般机械制造厂中占机器设备总数的 50% ~ 70%,而所担负的加工工作量占机器总制造工作量的 40% ~ 60%。机床的技术性能直接影响着机械制造业的产品质量和劳动生产率。机床主要是按加工性质和所使用的刀具进行分类的,目前我国将机床分为 12 大类:车床、钻床、镗床、磨床、齿轮加工机床、螺纹加工机床、铣床、刨插床、拉床、超声波及电加工机床、切断机床及其他机床。图 6-12 所示分别为加工中心和数控铣床。

a) 加工中心

b) 数控铣床

图 6-12 机械加工设备

数控机床具备高度的适应性,对于具有相似几何形状的加工对象,仅需调整部分程序指令,即可实现高精度的复杂型面加工,特别适合于中小批量、频繁改型、高精度要求以及形状复杂的工件加工,能够带来显著的经济效益。然而,并非零件的所有加工过程都适宜在数控机床上完成,这就要求对零件图样进行细致的工艺分析,以确定哪些部分最适合且最需要采用数控加工。

数控机床通常用于加工通用机床无法加工的零件，以及通用机床难以加工且质量难以保证的零件。当数控机床尚有剩余加工能力时，可考虑选择那些通用机床加工效率低下、工人手工操作劳动强度大的零件。在选择数控加工内容和工序时，应综合考虑生产批量、生产周期、工序平衡以及加工厂的生产能力等因素，确保机床得到充分且合理的利用。

2. 板材切割

计算机雕刻机从加工原理上讲是一种钻铣组合加工，有激光雕刻机和机械雕刻机两类，这两类都有大功率和小功率之分。

（1）激光雕刻机　激光切割加工用不可见的光束代替了传统的机械刀，具有精度高、切割快速、不受切割图案限制、自动排版节省材料、切口平滑、加工成本低等特点。激光刀头的机械部分与工件无接触，在工作中不会对工件表面造成划伤；激光切割速度快，切口光滑平整，一般无须后续加工；切割热影响区小，板材变形小，切缝窄；切口没有机械应力，无剪切毛刺；加工精度高，重复性好，不损伤材料表面；利用数控编程可加工任意的平面图，可以切割幅面很大的整板，无需模具，经济省时。故激光雕刻机可用于金属薄板、亚克力、有机玻璃、玻璃等材料的切割。图 6-13 所示为激光雕刻机雕刻金属板。

（2）机械雕刻机　机械雕刻机从加工原理上讲是一种钻铣组合加工，不同于激光雕刻机，刀具直接接触材料，如木工雕刻机、石材雕刻机等，在机械模型制作中可用来制作非金属材料板材，图 6-14 所示为机械雕刻机雕刻环氧树脂板。

图 6-13　激光雕刻机雕刻金属板

图 6-14　机械雕刻机雕刻环氧树脂板

3. 增材制造

增材制造又称 3D 打印，即快速成型技术的一种，是一种以数字模型文件为基础，运用粉末状金属或塑料等可粘合材料，通过逐层打印的方式来构造物体的技术。先通过计算机建模软件建模，再将建成的三维模型"分区"成逐层的截面，即切片，从而指导打印机逐层打印，图 6-15 所示为正在进行的 3D 打印。3D 打印常用材料有尼龙玻纤、聚乳酸、ABS 树脂、耐用性尼龙材料、石膏材料、铝材料、钛合金、不锈钢、镀银、镀金、橡胶类材料。3D 打印适用于机械模型结构中尺寸较小、表面轮廓复杂的零件制作，如图 6-16 所示的 3D 打印件。

4. 磨削加工

磨削加工应用范围很广，可以加工外圆、内圆、平面、螺纹、花键、齿轮以及钢材切断等。其加工的材料也很广，如淬硬钢、钢、铸铁、硬质合金、陶瓷、玻璃、石材、木材和塑料等。磨削常用于精加工和超精加工，根据加工精度的不同要求，通常将磨削加工分为普通磨削、精密磨削和超精密磨削，目前主要用于精加工和超精加工。普通磨削能达到的表面粗糙度为 $Ra0.8 \sim 0.2\mu m$，尺寸精度为 IT6；精密磨削能达到的表面粗糙度为 $Ra0.20 \sim 0.05\mu m$，尺寸精度为 IT5；超精密磨削能达到的表面粗糙度为 $Ra0.05 \sim 0.01\mu m$，尺寸精度为 IT4~IT3。磨削加工适用于提高机械零件的表面质量。图 6-17 和图 6-18 所示分别为砂带砂盘机和砂带砂盘机打磨金属。

图 6-15 3D 打印

图 6-16 3D 打印件

图 6-17 砂带砂盘机

图 6-18 砂带砂盘机打磨金属

6.3.3 机械加工工艺过程设计

工艺过程设计中，很重要的依据之一是生产纲领。根据零部件具体结构和生产纲领，选择定位基准，拟订工艺路线。定位基准的选择需要综合考虑产品的结构特点、生产批量、加工精度等因素，参照"机械制造技术基础"等相关课程的具体要求，完成工艺过程设计。

1. 生产的类型

（1）单件生产　少量地制造不同结构和尺寸的产品，且很少重复，如新产品试制，专用设备和修配件的制造等。

（2）成批生产　产品数量较大，一年中分批地制造相同的产品，生产呈周期性重复。小批生产接近于单件生产，大批生产接近于大量生产。

（3）大量生产　一种零件或产品数量很大，而且在大多数工作地点经常是重复性地进行相同的工序。

2. 工艺路线

工艺路线是生产过程中的重要指导文件，描述了从原材料到成品的全过程，包括每个环节的操作步骤、使用的设备、工具、检测方法等。在拟订工艺路线时，除了对每个加工环进行详细的分析和规划外，还需要考虑到生产过程中的各种限制条件，如设备能力、人员技能、原材料供应等，以确保工艺路线的可行性。分析零件的加工表面形状、精度和表面粗糙度，选择合适的零件表面的加工工艺方法、加工方案和加工顺序。一般安排加工顺序为先主后次、基面先行、先粗后精、先面后孔。

3. 机械加工工艺设计

（1）机械加工工艺过程　直接改变生产对象的尺寸、形状、物理力学性能和相互位置关系的机械加工过程。

（2）工序　一个工人或一组工人，在一个工作地点对同一工件或同时对几个工件所连续完成的那一部分工艺过程。

（3）安装　工件经一次装夹后完成的那一部分工艺过程。

（4）工步　加工表面、切削刀具和切削用量都不变情况下完成的工艺过程。

其中，工艺过程由工序组成，工序由安装组成，安装由工步组成。确定工序尺寸及公差等级，确定表面粗糙度，并对制订的工艺方案进行技术经济分析。

4. 绘制机械加工工艺过程综合卡片

分析零件加工的难点和要求，确定加工工艺路线，包括：确定各个工序的先后顺序，使加工过程流畅；选择合适的加工方法，如车削、铣削、磨削等；选择适合的设备，如车床、铣床、加工中心等；确定加工过程中所需的工艺参数，如切削速度、进给量、切削深度等。

根据确定的工艺路线，编制机械加工工艺过程综合卡片。其中工序名称栏中应明确给出各个工序的名称；工序内容栏中描述各个工序的具体加工内容；加工设备栏中列出各个工序所使用的设备；工艺参数栏中填写各个工序所需的工艺参数；工时定额栏中根据生产经验或实际测试数据，确定各个工序的工时定额；加工质量栏中列出各个工序所需的加工质量要求，如表面粗糙度、加工精度等；操作注意事项栏中填写加工过程中需要注意的事项，如安全、环保、设备维护等。

机械加工工艺过程综合卡片示例如图 6-19 所示。

5. 数控加工的工艺过程设计

数控加工工艺过程直接关系到零件的加工品质和生产效率，因此必须追求最合理的工艺过程。在数控加工工艺过程设计中，应当尤为重视工序的划分和加工顺序的安排。

（1）工序的划分　与传统机床加工相比，数控机床的加工工序更为集中。工序划分应遵循以下原则。

1）将一次安装完成的加工视为一个工序，适用于加工内容较少的工件。

2）以同一刀具完成的加工内容来划分工序，适用于一次装夹中加工内容繁多、程序较长的机床作业，以减少换刀次数和空程时间。

3）根据加工部位进行工序划分，适用于加工内容较多的工件。根据零件的结构特点，将加工部位划分为若干部分，如内形、外形、曲面或平面等，每一部分的加工均作为一个独立工序。

4）粗加工与精加工应分别设置工序，尤其对于易产生加工变形的工件。由于粗加工后可能出现的变形需要校正，因此通常需要将粗、精加工工序分开进行。

工序的划分应根据零件的结构与工艺特性、机床功能、数控加工内容的多少以及安装次数等因素灵活掌握，以追求最合理的划分。

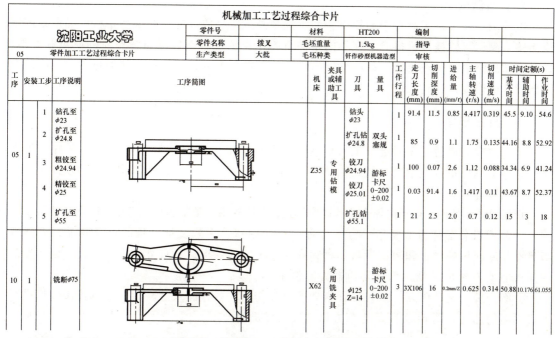

机械加工工艺过程综合卡片																			

沈阳工业大学

		零件号			材料		HT200	编制											
		零件名称	拨叉		毛坯重量		1.5kg	指导											
05	零件加工工艺过程综合卡片	生产类型	大批		毛坯种类		钎作砂型机器造型	审核											

工序	安装	工步	工序说明	工序简图	机床	夹具或辅助工具	刀具	量具	工作行程	走刀长度(mm)	切削深度(mm)	进给量(mm/r)	主轴转速(r/s)	切削速度(m/s)	基本时间	辅助时间	作业时间
															时间定额(s)		
05	1	1	钻孔至 φ23		Z35	专用钻模	钻头 φ23	双头塞规	1	91.4	11.5	0.85	4.417	0.319	45.5	9.10	54.6
		2	扩孔至 φ24.8				扩孔钻 φ24.8		1	85	0.9	1.1	1.75	0.135	44.16	8.8	52.92
		3	粗铰至 φ24.94				铰刀 φ24.94	游标卡尺 0-200 ±0.02	1	100	0.07	2.6	1.12	0.088	34.34	6.9	41.24
		4	精铰至 φ25				铰刀 φ25.01		1	0.03	91.4	1.6	1.417	0.11	43.67	8.7	52.37
		5	扩孔至 φ55				扩孔钻 φ55.1		1	21	2.5	2.0	0.7	0.12	15	3	18
10	1	1	铣断 φ75		X62	专用铣夹具	φ125 Z=14	游标卡尺 0-200 ±0.02	3	3×106	16	0.2mm/Z	0.625	0.314	50.88	10.176	61.055

图 6-19 机械加工工艺过程综合卡片示例

（2）加工顺序的安排 加工顺序的安排应基于工件的结构和毛坯形状，选择合适的工件定位和安装方式，重点确保工件的刚度不受损害，尽量减少变形。因此，加工顺序的安排应遵循以下原则。

1）保证前一道工序的加工不会影响后一道工序的定位与夹紧，对于包含通用机床加工工序的情况也应综合考量。

2）先进行工件内腔的加工，再进行外轮廓的加工。

3）对于采用相同定位和夹紧方式加工的工序，或使用同一刀具进行加工的工序，应尽量连续进行，以减少重复定位和换刀次数。

4）在一次安装中进行多道工序加工时，应优先安排对工件刚度影响较小的工序。

6.3.4 样机测试与调试

机械产品的测试与调试是确保产品质量和性能的重要步骤，能够确认机械产品是否符合预先的设计要求，是否能够正常运行。

1. 静态测试

静态测试是通过检查机械产品的尺寸、外观、结构和材料来确定产品的完整性，检查的结果将反映机械产品的质量和外观。如果机械产品在静态测试中无法通过，那么它将不能进行下一步动态测试和调试。

2. 动态测试

动态测试是通过在实际工作条件下测试产品的性能来确认其工作状态。这种测试需要检测机械产品的所有功能和特性，并模拟实际工作条件。动态测试的结果将反映机械产品的工作状态和性能。

3. 试验测试

试验测试通过在实验室中使用设备和工具来测试产品的性能，是确保机械产品质量的重要步骤。测试可以模拟机械产品在不同条件下的工作情况，以确保机械产品的质量和性能。试验测试的结果将反映机械产品的性能指标和耐久性。如果机械产品无法通过测试，将需要重新设计或修复以达到要求。

6.3.5 项目总结

第三阶段完成后，需要进行项目总结，进一步给出工艺设计报告（包含零部件的加工说明、整机调试报告、精度分析、检测报告和设计总结等内容），可以制作 PPT 进行介绍，并制作视频进行展示。

根据设计作品的特点来选择合适的呈现形式，并征求指导教师意见，可以有以下几种形式。

（1）设计作品样机或模型　方案合理、设计创新、工艺设计合理的设计作品，若能够满足作品所使用的加工和测试设备、材料和装配条件的要求，且尺寸适中，可进行设计作品的样机加工。图 6-20 所示为四足机器人实物图。

方案合理、设计创新、工艺设计合理的设计作品，若作品尺寸较大，可以按比例尺进行样机模型的加工。图 6-21 所示为草方格铺设车样机模型图。

图 6-20　四足机器人实物图

图 6-21　草方格铺设车样机模型图

（2）主要创新机构运动测试　设计作品方案合理、具有一定创新性，但作品所使用的加工和测试设备、材料和装配条件不易满足时，可利用实验室机构运动创新设计试验台对主要传动机构进行运动测试，如图 6-22 所示。

（3）运动仿真　如果设计构件较为特殊，实验室条件不能满足机构验证要求，可通过计算机软件对 3D 模型进行运动仿真，如图 6-23 所示的四足机器人运动仿真和图 6-24 所示的水上垃圾清理船仿真模拟图。

图 6-22　机构运动测试

（4）典型部件数控加工　设计作品具有一定的创新性，但设计作品中零部件较多时，可以选择其中一些具有代表性的零件进行数控加工。通过对所选零部件的加工过程进行编程和实际数控加工操作，完成零部件制作过程。图 6-25 所示为数控车床编程曲面加工操作界面。

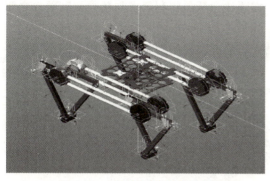

图 6-23 四足机器人运动仿真

图 6-24 水上垃圾清理船仿真模拟图

图 6-25 数控车床编程曲面加工操作界面

四足行走模拟

6.4 项目成果的提炼

6.4.1 专利申请

专利包括发明专利、实用新型专利和外观设计专利三大类，本节主要介绍发明专利和实用新型专利撰写。专利申请前应了解发明专利和实用新型专利的受理费用和审查周期，这有助于申请人更好地规划和安排专利申请策略。发明专利的受理费用通常高于实用新型专利，审查周期通常也比实用新型专利长。对于符合加快审查领域的专利项目，申请人也可以考虑选择申请加快审查；一项内容也可以选择同时申请发明专利和实用新型专利。撰写者应查阅最新的专利法律法规，确保专利申请文件符合专利局的要求。

在撰写过程中，无论是发明专利还是实用新型专利，都应确保语言的准确性和逻辑的严密性，避免使用模糊不清的表述。需要广泛收集并分析相关领域的现有技术资料，明确现有技术的优点与局限，清晰地定位本专利的创新点，并阐述其在实际应用中的价值。

在发明内容的阐述阶段，需要明确说明发明的目的、所解决的技术问题、采用的技术方案以及预期的技术效果。特别是技术方案的描述，应当详尽且具体，确保审查人员能够准确理解发明的核心内容和实现方式。因此需要通过具体实施示例来进一步阐述发明的技术方案，能够全面覆盖发明的技术特征。同时，需要使用图表、示意图等辅助工具，以便更加直观地展示发明的实现过程和技术细节。

在撰写权利要求书时，需要特别注意保护范围的界定，应当清晰、准确地表述发明的技术特征，并遵循逻辑性和层次性的原则。同时，需要注意从属权利要求与独立权利要求之间的逻辑关系，确保权利要求的完整性和一致性。

撰写摘要和附图说明部分时，摘要应当简洁明了地反映发明的主题和实质；附图说明要对申请文件中附图做详细解释。附录 4 中给出了专利申请实例，仅供读者参考。

图 6-26 所示为专利说明书附图示例。

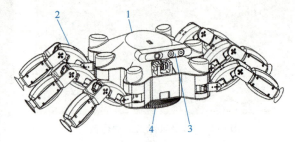

图 6-26　专利说明书附图示例
1—外壳　2—爬行机构　3—视觉系统　4—清洁机构

6.4.2　论文撰写

科技论文的撰写不仅要求作者具备扎实的专业知识，还需要掌握一定的写作技巧。在完成一篇高质量的科技论文过程中，以下几个步骤是必不可少的。

（1）选题和立意是撰写科技论文的基础　一个好的选题应当具有创新性、科学性和实用性，能够引起学术界的关注。立意则需要明确论文的研究目标和研究的问题，为后续的研究工作奠定基础。

（2）文献综述是撰写科技论文的重要环节　通过广泛阅读相关领域的文献，了解当前研究的现状和存在的问题，可以帮助作者找到研究的切入点和创新点。同时，文献综述也有助于避免重复他人的工作，提高研究的原创性。

（3）研究方法的选择和设计是科技论文的核心　研究方法应当科学、合理，能够有效地解决研究的问题。在撰写过程中，详细描述研究方法是必要的，这不仅有助于读者理解研究过程，也有助于其他研究者复制和验证研究结果。

（4）实验结果的分析和讨论是科技论文的关键部分　通过对实验数据的统计和分析，揭示研究问题的本质和规律。在讨论部分，作者需要将研究结果与已有文献进行对比，阐明研究的创新点和实际意义。

（5）结论和展望是科技论文的总结和延伸　结论部分需要简洁明了地总结研究的主要发现和贡献，展望部分则可以提出未来研究的方向和建议，为后续研究提供参考。

通过严谨的写作和不断的修改，一篇高质量的科技论文最终才能有机会被录用。

6.4.3　学科竞赛

附录 1 列出了全国普通高校大学生竞赛榜单内的竞赛项目名单（2023 版），以全国大学生机械创新设计大赛为例进行介绍。第十届全国大学生机械创新设计大赛（2022 年）的竞赛主题为"自然·和谐"，内容为设计与制作：①模仿自然界动物的运动形态、功能特点的机械产品（简称仿生机械）；②用于修复自然生态的机械装置，包括防风固沙、植被修复和净化海洋污染物的机械装置（简称生态修复机械）。

第十一届全国大学生机械创新设计大赛（2024 年）的主题为"机械创新推进农业现代化、自然和谐迈向仿生新高度"，其中"机械创新推进农业现代化"主题内容为"设计与制作用于生产国产杂粮和 10 种蔬菜的播种、管理和收获的小型专用机械（简称：兴农机械）"。

参赛作品资料介绍如下。

（1）设计说明书　设计说明书的撰写是确保设计理念和成果得以准确传达的关键环节。

在撰写过程中，必须深入阐述设计背景和研究的意义。设计过程部分，应详细叙述机械结构的设计过程，应全面、准确地描述所采用的工作原理和设计方法。在撰写过程中，应遵循排版规则和格式要求，使用恰当的标题、段落、列表和图片等，以确保文档的严谨性和可读性。设计说明书还应突出设计的创新点。

（2）图样　需要提交至少一张总装图和若干张零件图，图样的标准化在前文已进行叙述，这里提醒读者：使用三维软件进行设计后，转化为二维工程图时，对于总装图切勿直接进行外观投影三视图，需要进行必要的剖分或局部放大，以表达出完整的结构和零件装配关系；零件图的剖面填充，要区分金属和非金属，采用不同的填充形式。例如，用树脂进行3D打印制造时，应采用非金属的网格填充形式，且表面粗糙度符号应为非去除材料符号。

（3）答辩PPT　在制作答辩PPT时，可结合设计说明书主体框架，着重介绍设计部分。应严格遵循比赛通知给定的汇报时间（通常为3~5min），并充分考虑汇报人的表述习惯，以确保内容的合理设定。PPT应追求图文并茂的展示效果，页数控制在20页左右为宜。每页PPT的文字内容应适度，避免过于冗长，标题和文字应保持醒目且易于分辨，确保信息的有效传达。在遵循以上基本原则的基础上，PPT的设计应体现出一定的美观性和设计风格。PPT封面及内容示例如图6-27所示。

简茄-答辩PPT

图6-27　PPT封面及内容示例

（4）视频　视频时长一般应控制在3min以内，充分利用有限的时间精准展示作品的功能性和创新点。视频的制作虽然不要求过于专业，但是应该进行必要的设计和合理的剪辑，以更好地展示设计作品。为节省时间，建议在网上参考一些视频教程，迅速掌握基本的视频制作方法。视频的设计可以参考一些产品宣传片的表达效果，也可参考往届同类竞赛的获奖作品，图6-28所示为视频封面及内容示例。建议采用三维动画或爆炸图等形式，以便更为直观、生动地传达作品结构信息。每个视频镜头都应配备相应的标题，并辅以语音解说和文字说明。在制作视频时，可以适当地融入分镜切换和背景音乐，以提升其艺术表现力和吸引力，但务必注意保持适度，确保这些元素的加入不会干扰或削弱对主要信息的准确传达。

图6-28　视频封面及内容示例

6.4.4　创业训练

创业训练的形式多种多样，这里主要指创业类竞赛的训练形式。附录 1 列出了全国普通高校大学生竞赛榜单内的竞赛项目名单（2023 版），其中创业类竞赛有中国国际大学生创新大赛、大学生创新创业训练计划项目、"挑战杯"中国大学生创业计划竞赛等。此类竞赛一般需要撰写商业计划书、制作 PPT 答辩，制作视频等。商业计划书要详细、清晰且有说服力，展示创业的愿景、目标、策略和运营计划，突出企业的核心优势、市场机会、财务需求和预期回报。比赛中的评委就好比投资人，所以商业计划展示的本质目标是吸引投资者和合作伙伴，赢得关注和信赖。

商业计划书要详细描述企业的基本信息，包括成立时间、地点、法律形式；介绍企业的主要产品或服务以及如何满足市场需求；详细描述目标客户群体、市场规模、市场趋势、竞争对手分析以及市场进入策略；介绍企业的组织结构图和管理团队成员，说明团队成员的职责、经验和背景；强调团队的优势和独特之处，展示其在实现企业目标方面的潜力；详细描述企业提供的产品或服务，包括它们的特点、优势和应用场景，证明产品或服务具有竞争力；详细说明企业的营销和销售策略，包括定价策略、推广方式、销售渠道和客户关系管理；证明如何能够吸引和保留客户，以及如何应对市场变化和竞争压力；制订详细的财务计划，展示财务状况和未来预期，包括但不限于收入预测、现金流量表、利润与亏损表、资产负债表、资金需求等。商业计划书中应充分利用数据和图表进行辅助说明，使创业计划展示得更加严谨、具体、直观。图 6-29 所示为商业计划书目录示例。

图 6-29　商业计划书目录示例

第 7 章 机械创新设计实例

不闻不若闻之，闻之不若见之，
见之不若知之，知之不若行之。
学至于行而止矣。行之，明也。

——《荀子·儒效》

第7章

机械创新设计实例

7.1 机构创新设计实例

7.1.1 六自由度并联运动平台

六自由度并联运动平台的结构通常包含有上平台、下平台、可伸缩驱动杆等部分，上下平台及驱动杆由铰链进行连接。通常将下平台固定在机架上作为静平台，上平台作为动平台，随着六组伸缩杆及铰链的运动实现在空间中六个自由度的运动，图7-1所示为六自由度并联运动平台三维模型图。1965年，Stewart首次提出一种六自由度的空间机构，用于设计训练飞行员的飞行模拟器。六自由度并联运动平台能够灵活地完成六自由度运动，与串联机构相比，并联运动平台具有较强的承载能力与较高的运动定位精度，可用于多种场合。

1. 运动模拟平台

分析船舶在海浪中行驶时船身的姿态通常要使用六自由度并联运动平台进行模拟。这种方式不仅成本低、安全性高，同时还不受天气条件的限制。模拟飞行器的场合也经常要用到六自由度并联运动平台，如图7-2中所示的C919客机飞行模拟器。

2. 并联机床

相较于传统机床基于笛卡儿坐标系线性位移的运动方式，并联机床在运动学原理上与其存在本质的区别。通过将并联机构应用到机床结构上，以桁架杆系结构来负载机床工作时的切削力，不仅提升了机床的刚度，同时改善了其动态性能与加工精度。目前并联机床已经越来越广泛地应用于工业生产当中，如图7-3所示。

图7-1 六自由度并联运动
平台三维模型图

图7-2 C919客机飞行模拟器

3. 微动机构

基于六自由度并联机构设计的微动平台在精密加工与微电子加工等场合发挥着不可替代的作用，如图7-4所示。这类场合需求的运动定位精度普遍较高，这就要求机构要有较大的刚度，并联机构在这种应用场景下有着得天独厚的优势。

图7-3 并联机床

图7-4 微动平台

在六自由度并联运动平台基本构型的基础上衍生出许多新的构型，以满足实际应用时对机构的强度、刚度与负载能力等指标的需求。六自由度并联运动平台常见的结构形式如图7-5所示。

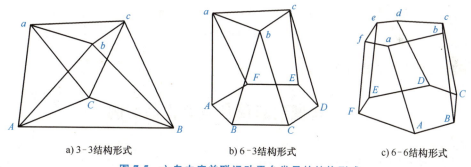

a) 3-3结构形式 b) 6-3结构形式 c) 6-6结构形式

图7-5 六自由度并联运动平台常见的结构形式

3-3结构形式平台的6条伸缩杆均与相邻伸缩杆通过同一铰链与上下平台进行连接；6-3结构形式平台的6条伸缩杆下半部分使用单独的铰链与下平台进行连接，伸缩杆上半部分则与相邻伸缩杆的上半部分共同使用同一个铰链与上平台连接。6-6结构形式平台的6条伸缩杆互相独立，伸缩杆上端与下端分别通过独立的铰链与上下平台进行连接，受力比较平稳，同时能保证更大的工作空间，平台最多可以实现六个自由度的复合运动。6-6结构形式平台的三维模型如图7-1所示。依据连接用的铰链类型不同，6-6结构形式平台还可以细分为6-SPS结构、6-UCU结构、6-UPS结构等类型。上述平台构型代号中S指代球铰，P指代移动副，U指代虎克铰，C代表中间传动部分采用柱面副。

7.1.2 轮腿复合机器人

常见的可移动式机器人包括轮式移动机器人、履带式移动机器人、腿足式移动机器人等，单一运动方式的可移动式机器人只能应用于某一种固定场景，无法兼顾多种路况条件，相比之下，轮腿复合机器人结合了多种可移动机器人的运动方式，大大提高了机器人的环境适应能力。串联结构的机械腿虽然具有结构简单、容易制造的优点，但存在整机承载能力低、越障性能差的缺点。并联结构具有承载能力强、越障性能好、运动精度高的特点，将并联结构应用于轮腿复合机器人的机械腿中，可有效提升整机的运动性能。对并联机构的某些运动副进行锁定、松开，致使机构的自由度发生变化，可以满足机器人多功能、多任务的需求。

为了使轮腿复合机器人在迈步行走和轮式移动的过程中满足较高的运动要求，确定机械腿整体为六自由度。选择 3-UPS 并联机构作为机械腿的初始构型（见图 7-6），该机构具有六自由度而且支链数较少，可以极大地避免运动过程中各支链发生干涉。

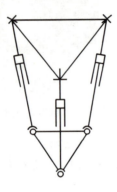

a) 机构简图　　　　　　　　　　　　b) 三维模型

图 7-6　3-UPS 并联机构

机械腿三维模型如图 5-17 所示。

7.2　机械创新设计竞赛作品实例

7.2.1　草方格沙障机器人

草方格

草方格沙障是用麦草、稻草、芦苇等材料，在流动沙丘上扎设成方格状的挡风墙，以削弱风力的侵蚀，是一种防风固沙的有效方法。人工铺设草方格，需要先在沙丘上划好施工方格网线，要使沙障与当地的主风向垂直；再将修剪均匀整齐的麦草或稻草等材料横放在方格线上，用铁铲之类的工具铺草料于线中间，用力插下去，插入沙层内约 15cm，使草的两端翘起，直立在沙面上，露出地面的高度约 20cm；再用工具拥沙埋掩草方格沙障的根基部，使之牢固。

设计的草方格沙障机器人由行走装置、开沟装置、输草装置和压草装置组成，可实现遥控操作、行走开沟、输草、压草等一系列工作，可通过机械化作业铺设沙障，达到治沙效果，同时节省人力物力，提高治沙效率。

图 7-7 和图 7-8 所示分别为草方格沙障机器人三维模型和模型实物图。草方格沙障机器人的行走装置位于整机下方，通过四套履带轮完成针对沙地的整机行走和转向，履带轮结构

如图 7-9 所示。履带模组由固定板与底盘机架相连接，模组中设有摆臂式的减振结构，以提高机器人对不同地貌的适应能力及通过性，同时保证时刻全轮抓地，避免打滑。履带模组还设有张紧机构，其工作原理是由与固定板铰接的弹簧将装有张紧轮的摆臂下压，继而对履带施加张紧力。

图 7-7 草方格沙障机器人三维模型

图 7-8 草方格沙障机器人模型实物图

开沟装置位于整机前方，如图 7-10 所示，通过开沟装置中的刀犁完成铺草前的开沟工作。刀犁一端安装在四杆机构上，通过舵机控制的凸轮完成四杆机构运动，可实现不同工作深度，并且刀犁可以始终保持水平，以满足工作需求。输草装置位于整机上方，该装置由存储槽、电动机、分度滚筒、传送带、链轮和链条等组成。通过电动机带动分度滚筒和传送带工作，实现稻草分度、输送、定位，增加输草效率。压草装置位于整机最后方，通过电动机控制的丝杠完成其升降功能。压草装置的升降功能可以满足工作过程中对压草深度的要求，如图 7-11 所示。

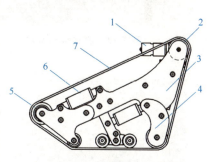

图 7-9 履带轮结构

1—直流电动机 2—驱动轮 3—履带模组固定板 4—张紧器 5—导向轮 6—减振弹簧 7—橡胶履带

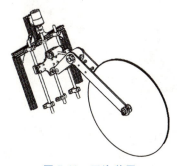

图 7-10 开沟装置

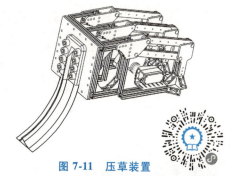

图 7-11 压草装置

机械设计大赛-清道夫

7.2.2 海洋浒苔清理船

浒苔是一种赤潮现象。赤潮是在特定的环境条件下，海水中某些浮游植物、原生生物或细菌爆发性增殖或高度聚集而引起水体变色的一种有害生态现象。独特的地理环境、季风洋流等条件为浒苔创造了良好的生存条件，其顽强的生命力和强大的繁衍能力造成沿海地区大面积覆盖浒苔，会给沿海人民生活带来很大困扰。

　　基于此类问题，设计了一种海洋浒苔清理船，用以替代人工清理，提高工作效率。清理船主要包括收集传动装置、脱水装置、收纳装置和驱动系统等部分。收集传动装置如图 7-12 所示，由导向板、侧挡板、传送电动机、传送带、泄水孔、卷扫机构组成。脱水装置如图 7-13 所示，包括滤板、挤压滚筒、脱水仓、导流筒等部分，是用于对收集的浒苔进行脱水处理的装置，利用齿轮传动带动挤压滚筒向内旋转，下方出料口安装两组反向转动的刀片组，可以实现打碎功能，最后将浒苔从出料口排出。船体外形设计图如图 7-14 所示，图 7-15 和图 7-16 所示分别为海洋浒苔清理船三维模型和实物图。

图 7-12　收集传动装置

图 7-13　脱水装置

图 7-14　船体外形设计图

图 7-15　海洋浒苔清理船三维模型

图 7-16　海洋浒苔清理船实物图

7.3　任务型创新设计实例

7.3.1　ROBOCON 实例

　　全国大学生机器人大赛有 ROBOCON、RoboMaster、ROBOTAC 三大竞技赛项，ROBOCON 赛事是亚洲-太平洋广播联盟（ABU）发起的一项国际性大学生机器人赛事，选拔冠军队代表中国参加亚太大学生机器人大赛（ABU ROBOCON）。ABU ROBOCON 赛事每年推出一个新的主题，由主办国根据本国的历史文化特点制定比赛的内容和规则，参赛者综合运用机械、电子、控制等技术和工具，制作机器人完成规则设置的任务。

　　每年全国大学生机器人大赛 ROBOCON 具体比赛规则详见竞赛官网通知。例如，2023年 ROBOCON 比赛的主题是由小兔机器人和大象机器人合作在吴哥窟上空撒花。实际的比赛是"投环游戏"，用蓝色和红色的橡胶软管做成的环代替花。比赛的两台机器人，小兔机器人 RR 和大象机器人 ER 相互协作把有色圆环投向吴哥区的 11 根立柱上。比赛结束时，参赛队按占领的立柱得分。2023 年全国大学生机器人大赛 ROBOCON 比赛获奖作品小兔机器人 RR 和大象机器人 ER 设计作品的实物图如图 7-17 和图 7-18 所示。

图 7-17　小兔机器人 RR 实物图

图 7-18　大象机器人 ER 实物图

1. 小兔机器人 RR 实例

　　图 7-19 所示为小兔机器人 RR 的发射机构，由摩擦带、推送装置、整理装置构成，该机构需要完成的动作为发射圆环。首先通过整理装置将圆环摆放好，然后通过推送装置将最上层圆环送入到摩擦带中，其中推送装置由齿轮齿条机构进行传动，摩擦带转动过程中带动圆环进行发射。

**MEIC-四舵轮
底盘-兔子**

　　图 7-20 所示为小兔机器人 RR 的取环机构，由连杆机构、气动装置、电机构成，需要

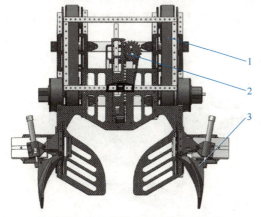

图 7-19　小兔机器人 RR 的发射机构

1—摩擦带　2—推送装置　3—整理装置

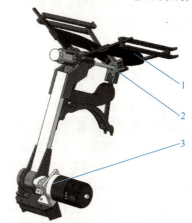

图 7-20　小兔机器人 RR 的取环机构

1—连杆机构　2—气动装置　3—电机

完成的动作为夹取圆环并摆放圆环。首先通过气动装置驱动连杆机构进行撑开与收缩，在收缩状态下将手爪放入圆环内圈，之后撑开手爪使圆环套在手爪上，最后通过电机将固定住的圆环翻转 180°，放入机器人的圆环存放处。

2. 大象机器人 ER 实例

图 7-21 所示为大象机器人 ER 的发射机构，由压板、气动装置、同步带、分环装置、推射装置构成，需要完成的动作为发射圆环。首先通过压板将圆环固定好，然后通过分环装置将摞在一起的圆环的最上面的一个分开，再通过推射装置将这一圆环送入同步带中，通过同步带转动的摩擦力将圆环发射出去。

图 7-22 所示为大象机器人 ER 的取环机构，由电机、滑块、齿轮齿条、手爪构成，需要完成的动作为夹取圆环，摆放圆环。首先将手爪固定到滑块上，通过齿轮齿条传动实现手爪的开合，从而夹紧圆环，再通过电机将夹取的圆环进行 180° 翻转放置到机器人上。其中，滑块所在的滑轨两端安装了限位，可以防止滑块脱离滑轨。

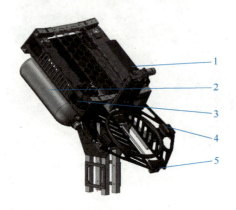

图 7-21　大象机器人 ER 的发射机构
1—压板　2—气动装置　3—同步带
4—分环装置　5—推射装置

图 7-22　大象机器人 ER 的取环机构
1—电机　2—滑块　3—齿轮齿条　4—手爪

图 7-23 所示为大象机器人 ER 的移动机构，由驱动轮、小齿轮、大齿轮构成，需要完成的动作为移动机器人到指定位置。首先由驱动轮控制机器人进行前后移动，然后小齿轮与大齿轮形成的一对外啮合齿轮带动轮子可以在 360° 范围内转向，从而实现机器人的全方位移动。

7.3.2　物流技术（起重机）创意设计

中国大学生机械工程创新创意大赛采用"赛道-赛项"模式，设置"创意赛道""创新赛道"和"毕业设计赛道"三个赛道，下设 10 个赛项。目前，"创意赛道"仅有机械产品数字化设计赛一个赛项，"创新赛道"包括过程装备实践与创新赛、铸造工艺设计赛、材料热处理创新创业赛、物流技术（起重机）创意赛、智能制造赛、工业工程与精益管理创新赛、微纳传

图 7-23　大象机器人 ER 的移动机构
1—驱动轮　2—小齿轮　3—大齿轮

感技术与智能应用赛、智能精密装配赛八个赛项，"毕业设计赛道"也只有毕业设计赛一个赛项。

中国大学生机械工程创新创意大赛物流技术（起重机）创意赛每年有不同的比赛要求，详见竞赛官网。比赛中应根据实际需求进行物料搬运设备设计和工艺制作，例如2022年参赛内容为设计、制作一台物料搬运机器人（以下简称作品），基于机器视觉，对固定取物区具有特定颜色及形状标识的搬运物品进行识别，通过自主有序的控制方式将物品从取物区按通行规则搬运到堆码区。

两组2022年中国大学生机械工程创新创意大赛物流技术（起重机）创意赛作品实物图分别如图7-24和图7-25所示。

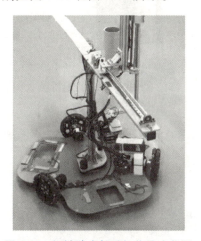

图7-24 机械臂式起重机作品实物图

图7-25 气动式起重机作品实物图

两组作品的底盘移动均采用全向轮，轮毂圆周有多个轮毂齿和从动轮，从动轮径向与轮毂圆周切线垂直，能在平面内任意移动。全向轮常见的安装方式为三轮或四轮布置，安装时应注意轮子朝向以及底盘平整度。全向轮的转向和位置控制精准，响应快，结构紧凑，但承载能力有限，高速或大负载时稳定性稍差，在运送物品过程中具有轻松绕过障碍的优势，更有利于做路径规划。

1. 机械臂式起重机作品实例

图7-26所示为机械臂式起重机模型图，结构设计可分为三大部分：底盘部分、机械臂部分、机械手爪部分。底盘部分负责机器在比赛场地上的整体移动；机械臂部分负责重物的搬运与摆放；机械爪部分负责重物的抓取，配合机械臂进行摆放。底盘部分的主要结构是三个全向轮驱动底盘运动，通过每个全向轮的运动合成，可以实现机器在场地上的全向移动。底盘的背面是三个激光

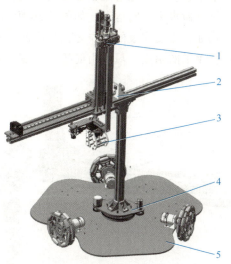

图7-26 机械臂式起重机模型图

1—机械臂垂直移动机构 2—机械臂
水平移动机构 3—机械手爪
4—机械臂旋转机构 5—底盘

测距传感器，用于测量机器在场地中的二维坐标。

　　机械臂运动可实现绕垂直地面的立柱旋转、水平移动和竖直移动。机械臂配合机械手爪可以将重物从场地上吊装至机器人底盘上，并在抵达终点后进行堆码摆放。图 7-27 所示为机械臂旋转机构，由电机带动小齿轮旋转，通过小齿轮和固定的大齿轮啮合传动，带动整个机械臂绕垂直地面的立柱旋转。如图 7-28 所示，机械臂垂直移动机构采用丝杠传动，电机转动带动丝杠转动，从而使机械爪部分可以沿竖直方向滑行。两根光轴可以起到直线导轨作用，同时可以给丝杠做限位。

图 7-27　机械臂旋转机构

1—电机　2—小齿轮　3—大齿轮

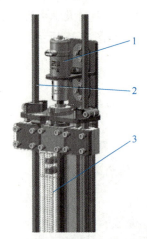

图 7-28　机械臂垂直移动机构

1—电机　2—丝杠　3—光轴

　　如图 7-29 所示，机械臂水平移动机构由立柱支架、联轴器、丝杆构成，需要完成动作为水平移动。首先通过联轴器将电机输出轴与丝杆连接，驱动丝杆进行旋转，从而带动被移动物体做水平方向运动。如图 7-30 所示，机械手爪机构由摄像头、舵机 a、舵机 b、机械手爪构成，需要完成的动作为夹取物品。首先通过摄像头判断被夹物品姿态，然后通过舵机 a 调整手爪的角度，最后由舵机 b 控制手爪开合，夹取物品。

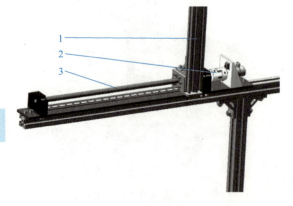

图 7-29　机械臂水平移动机构

1—立柱支架　2—联轴器　3—丝杆

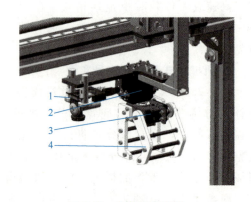

图 7-30　机械手爪机构

1—摄像头　2—舵机 a　3—舵机 b　4—手爪

2. 气动式起重机作品实例

气动式起重机模型图如图 7-31 所示，该模型主要由底盘、抓取机构、旋转机构、抬升机构和气瓶组成，通过气瓶给起重机上的气缸提供动力。底盘的全向轮为电机驱动，采用 STM32 单片机进行控制设计，由惯性导航以及陀螺仪误差补偿的方式完成对于车体的定位以实现路线规划。搬运动作为全气动式驱动，由直线气缸和旋转气缸作为动力实现整个搬运动作，多个气缸的搭配实现了对于物料的旋转抬升抓取功能。手爪置于车体中央，抓取过程精准稳定，搬运过程中物料处于车体重心位置，物料夹持稳固。相比于传统起重机结构，这种设计使得起重机的整体结构紧凑且运动稳定，并采用差分方式传输，运用 RS485 串口标准，编写驱动程序，实现竞赛所要求的分拣任务。

Q-1 起
重机总装

气动式起重机动作组成机构如图 7-32 所示，采用两个冲程双缸气缸的直线气缸 c 驱动手爪实现物料的抓取动作；采用旋转气缸带动手爪实现物料的 90°旋转（要保证旋转气缸转矩足够带动手爪及物料转动）；采用双缸气缸的直线气缸 b 带动手爪的抬升，同时双缸气缸的直线气缸 a 实现压紧功能，从而实现物料的抬升动作。

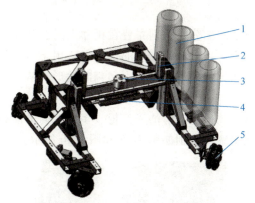

图 7-31　气动式起重机模型图
1—气瓶　2—抬升机构　3—旋转机构
4—抓取机构　5—底盘

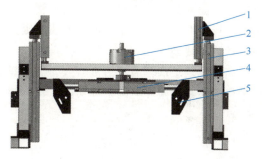

图 7-32　气动式起重机动作组成机构
1—直线气缸 a　2—旋转气缸　3—直线
气缸 b　4—直线气缸 c　5—手爪

7.4　仿生机器人实例

7.4.1　高层建筑玻璃幕墙清洁机器人

清洁机器人

为了解决人工高空作业所带来的危险系数高、效率低等问题，设计了高层建筑玻璃幕墙清洁机器人。设计仿照蜘蛛的形态，利用多足末端的吸盘，将机器人稳固吸附在玻璃上。机器人包括爬行系统、视觉系统、清洁系统等部分。

高层建筑玻璃幕墙清洁机器人爬行系统为六足行走，机器人两侧对称设置三个爬行腿，爬行腿一端固定于机体，另一端安装有真空吸盘，采用三角步态行走方式，如图 7-33 所示，1、3、5 为一组，2、4、6 为一组，当一组三条腿作为支撑腿与地面接触时，另一组的三条腿向前摆动行走。通过吸盘吸附与释放的切换，实现爬行动作，并可跨越障碍。机器人重心应始终落在支撑腿围成的三角区域内，从而保证机器人稳定、高效行走。

高层建筑玻璃幕墙清洁机器人单腿具有三个转动自由度，腿部结构如图 7-34 所示，包括跟关节、髋关节和膝关节三个关节，分别由三个舵机提供动力。其中跟关节连接着腿部和机体，实现横向摆动；髋关节和膝关节主要负责腿部延伸和收缩。六足共 18 个关节，由 18 路舵机形成精确配合，完成行走动作。

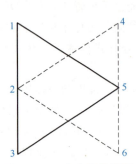

图 7-33　三角步态示意图

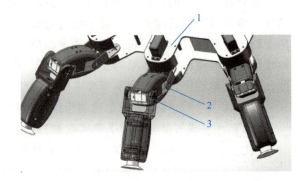

图 7-34　机器人腿部结构

1—跟关节　2—髋关节　3—膝关节

高层建筑玻璃幕墙清洁机器人清洁装置设计包括两部分，分别布置在机器人的前部和底盘中部。前部为三个不同方向的出水管，底盘中部为通过电动机带动的拖布盘，用于对玻璃主体进行大面积清洁工作。正前方装有摄像头和雷达传感器，用于识别和判断地形，从而实现自动路径规划。

高层建筑玻璃幕墙清洁机器人为仿生蜘蛛机器人，也具备清洁光伏板、多角度高危倾斜面攀爬巡检和危险环境勘察等功能，其三维模型和实物图分别如图 7-35 和图 7-36 所示。

图 7-35　清洁机器人三维模型

图 7-36　清洁机器人实物图

除六足机器人外，常见多足机器人还有四足、八足等设计案例，如图 7-37 和图 7-38 所示。

四足机器人

八足机器人

图 7-37　四足机器人三维模型　　　图 7-38　八足机器人三维模型

7.4.2 湿地勘探仿生机械丹顶鹤

湿地生态系统是湿地植物，栖息于湿地的动物、微生物及其环境组成的统一整体。湿地具有多种功能：保护生物多样性，调节径流，改善水质，调节小气候，以及提供食物及工业原料。湿地生态系统具有丰富的陆生与水生动植物资源，是世界上生物多样性最丰富的自然生态系统。设计的湿地勘探仿生机械丹顶鹤可深入观察湿地的生态环境、动植物生活习性、采集样本，使人们更加深入了解湿地生态环境。

湿地勘探仿生机械丹顶鹤的头部安装有低功耗、高精度摄像头，能够采集视觉信息并反馈终端；鸟喙部分具有一定的咬合力，可以采集适当的动植物样本；颈部设计为三自由度连杆机构，动力采用舵机输入，并将原动件下移至基座，减少负载和转动惯量；基座要求能够水平面内自由旋转，组成颈部的所有零部件除原动件及标准件之外，其余所有零部件均采用轻量化设计，以减少质量。所设计的颈部可以使头部在一定空间范围内达到任意位置，头颈部结构三维模型如图 7-39 所示。

湿地勘探仿生机械丹顶鹤的腿部设计为三自由度长连杆机构，动力采用无刷直流电动机输入，并将原动件上移至身体，减少所需的转动惯量，电动机设置防尘罩，以保护电动机，并装有编码器。组成腿部的所有零部件除原动件及标准件之外，其余所有零部件也均采用轻量化设计，以减少质量。所设计的腿部（见图 7-40）能够完成稳定地站立、灵活地行走等动作。

图 7-39 头颈部结构三维模型

仿生机械
丹顶鹤

图 7-40 腿部结构三维模型

湿地勘探仿生机械丹顶鹤的足部要求具有一定的抗压能力、一定的摩擦力及柔韧性，能够克服湿地土壤的环境因素，稳定地运动。身体部分将所有机构连接在一起，并安置所有的电路元件，且设置了急停开关，整体空间利用率高，连接可靠。

湿地勘探仿生机械丹顶鹤的驱动部分采用减速器与电动机一体化的电动机，提高了整体空间利用率。将带传动与连杆机构组成传动机构，使原动件的位置得以改善，减少转动惯量。融入视觉元素，采用树莓派模块进行视觉信息采集，及时反馈所观察到的图像，以便观察生态环境。基于轻量化设计理念，采用碳纤维加工与 3D 打印技术制造零部件，大幅度减轻了机械的质量，实现了结构优化。湿地勘探仿生机械丹顶鹤三维模型和实物图分别如图 7-41 和图 7-42 所示。

图 7-41　湿地勘探仿生机械丹顶鹤三维模型

图 7-42　湿地勘探仿生机械丹顶鹤实物图

7.4.3　飞行仿生机械设计

在飞行仿生机械设计中，扑翼机构为飞行的主体设计部分。常见的扑翼机构主要是将电动机驱动的旋转运动转换成飞行扑翼运动，飞行动作多为对称同步的扑翼运动。下面列举两种常见的扑翼机构。

图 7-43 所示的齿轮传动扑翼机构中，电动机驱动齿轮，输入件是齿轮，带动另外两个对称的齿轮旋转，两个对称齿轮再分别带动两组曲柄摇杆机构输出摆动，从而实现翅膀的同步上下摆动。曲柄滑块驱动扑翼机构如图 7-44 所示，其输入件是滑块，通过往复移动来驱动。

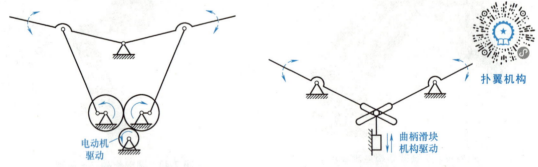

电动机驱动

图 7-43　齿轮传动扑翼机构

扑翼机构

曲柄滑块机构驱动

图 7-44　曲柄滑块驱动扑翼机构

利用图 7-43 中的齿轮传动扑翼机构设计的仿生机械鸟，其扑翼机构三维模型如图 7-45 所示，仿生机械鸟三维模型如图 7-46 所示。

图 7-44 所示的曲柄滑块驱动扑翼机构中，电动机驱动曲柄滑块机构，滑块往复上下移动，带动圆柱销上下移动，从而使得摆杆上下摆动。利用图 7-44 中的曲柄滑块驱动扑翼机构设计的仿生蜻蜓，其扑翼机构三维模型如图 7-47 所示，仿生蜻蜓三维模型如图 7-48 所示。

根据蝴蝶的外形尺寸和运动特征，利用图 7-43 中的齿轮传动扑翼机构设计的仿生蝴蝶三维模型如图 7-49 所示，研究蝴蝶自主飞行的控制方法，所设计的仿生蝴蝶实物图如图 7-50 所示。其动力来源为空心杯电动机带动翅膀运动，蝴蝶躯干由碳纤维杆制作，翅膀由 PET 布构成，并由碳纤维杆支撑，传动及支撑构件由 3D 打印制作而成。

154

图 7-45　仿生机械鸟扑翼机构三维模型

图 7-46　仿生机械鸟三维模型　　扑翼飞行

图 7-47　仿生蜻蜓扑翼机构三维模型

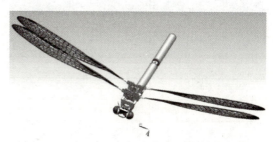

图 7-48　仿生蜻蜓三维模型

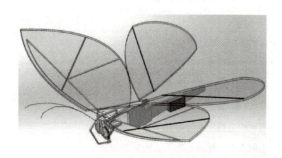

图 7-49　仿生蝴蝶三维模型

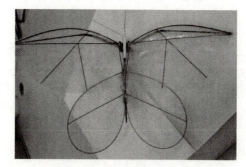

图 7-50　仿生蝴蝶实物图

附录1：

全国普通高校大学生竞赛榜单内的竞赛项目名单（2023版）

序号	竞赛名称
1	中国国际大学生创新大赛
2	"挑战杯"全国大学生课外学术科技作品竞赛
3	"挑战杯"中国大学生创业计划竞赛
4	ACM 国际大学生程序设计竞赛
5	全国大学生数学建模竞赛
6	全国大学生电子设计竞赛
7	中国大学生医学技术技能大赛
8	全国大学生机械创新设计大赛
9	全国大学生结构设计竞赛
10	全国大学生广告艺术大赛
11	全国大学生智能汽车竞赛
12	全国大学生电子商务"创新、创意及创业"挑战赛
13	中国大学生工程实践与创新能力大赛
14	全国大学生物流设计大赛
15	全国大学生英语竞赛
16	两岸新锐设计竞赛·华灿奖
17	大学生创新创业训练计划项目
18	全国大学生化工设计竞赛
19	全国大学生机器人大赛 RoboMaster
20	全国大学生机器人大赛 RoboCon
21	全国大学生市场调查与分析大赛
22	全国大学生先进成图技术与产品信息建模创新大赛
23	全国三维数字化创新设计大赛
24	"西门子杯"中国智能制造挑战赛
25	中国大学生服务外包创新创业大赛
26	中国大学生计算机设计大赛
27	中国高校计算机大赛
28	蓝桥杯全国软件和信息技术专业人才大赛

（续）

序号	竞赛名称
29	米兰设计周——中国高校设计学科师生优秀作品展
30	全国大学生地质技能竞赛
31	全国大学生光电设计竞赛
32	全国大学生集成电路创新创业大赛
33	全国大学生金相技能大赛
34	全国大学生信息安全竞赛
35	未来设计师·全国高校数字艺术设计大赛
36	全国周培源大学生力学竞赛
37	中国大学生机械工程创新创意大赛
38	中国机器人大赛暨 RoboCup 机器人世界杯中国赛
39	"中国软件杯"大学生软件设计大赛
40	中美青年创客大赛
41	睿抗机器人开发者大赛（RAICOM）
42	"大唐杯"全国大学生新一代信息通信技术大赛
43	华为 ICT 大赛
44	全国大学生嵌入式芯片与系统设计竞赛
45	全国大学生生命科学竞赛（CULSC）
46	全国大学生物理实验竞赛
47	全国高校 BIM 毕业设计创新大赛
48	全国高校商业精英挑战赛
49	"学创杯"全国大学生创业综合模拟大赛
50	中国高校智能机器人创意大赛
51	中国好创意暨全国数字艺术设计大赛
52	中国机器人及人工智能大赛
53	全国大学生节能减排社会实践与科技竞赛
54	"21 世纪杯"全国英语演讲比赛
55	iCAN 大学生创新创业大赛
56	"工行杯"全国大学生金融科技创新大赛
57	中华经典诵写讲大赛
58	"外教社杯"全国高校学生跨文化能力大赛
59	百度之星·程序设计大赛
60	全国大学生工业设计大赛
61	全国大学生水利创新设计大赛
62	全国大学生化工实验大赛
63	全国大学生化学实验创新设计大赛
64	全国大学生计算机系统能力大赛

（续）

序号	竞赛名称
65	全国大学生花园设计建造竞赛
66	全国大学生物联网设计竞赛
67	全国大学生信息安全与对抗技术竞赛
68	全国大学生测绘学科创新创业智能大赛
69	全国大学生统计建模大赛
70	全国大学生能源经济学术创意大赛
71	全国大学生基础医学创新研究暨实验设计论坛（大赛）
72	全国大学生数字媒体科技作品及创意竞赛
73	全国本科院校税收风险管控案例大赛
74	全国企业模拟竞赛大赛
75	全国高等院校数智化企业经营沙盘大赛
76	全国数字建筑创新应用大赛
77	全球校园人工智能算法精英大赛
78	国际大学生智能农业装备创新大赛
79	"科云杯"全国大学生财会职业能力大赛
80	全国职业院校技能大赛
81	全国大学生机器人大赛 ROBOTAC
82	世界技能大赛
83	一带一路暨金砖国家技能发展与技术创新大赛
84	码蹄杯全国职业院校程序设计大赛

附录2:

全国大学生机械创新设计大赛历届主题和内容

　　全国大学生机械创新设计大赛的目的在于引导高等学校在教学中注重培养大学生的创新设计意识、综合设计能力与团队协作精神;加强学生动手能力的培养和工程实践的训练,提高学生针对实际需求通过创新思维,进行机械设计和工艺制作等实际工作能力;吸引、鼓励广大学生踊跃参加课外科技活动,为优秀人才脱颖而出创造条件。

届数	主 题	内 容
第一届	自选题目	—
第二届	健康与爱心	助残机械、康复机械、健身机械、运动训练机械四类机械产品的创新设计与制作
第三届	绿色与环境	环保机械、环卫机械、厨卫机械三类机械产品的创新设计与制作
第四届	珍爱生命,奉献社会	在突发灾难中,用于救援、破障、逃生、避难的机械产品的设计与制作
第五届	幸福生活——今天和明天	休闲娱乐机械和家庭用机械的设计与制作
第六届	幻·梦课堂	教室用设备和教具的设计与制作
第七届	服务社会——高效、便利、个性化	钱币的分类、清点、整理机械装置,不同材质、形状和尺寸商品的包装机械装置,商品载运及助力机械装置的设计与制作
第八届	关注民生、美好家园	解决城市小区中家庭用车停车难问题的小型停车机械装置的设计与制作;辅助人工采摘包括苹果、柑桔、草莓等10种水果的小型机械装置或工具的设计与制作
第九届	智慧家居、幸福家庭	助老机械和智慧家居机械的设计与制作
第十届	自然·和谐	仿生机械和生态修复机械的设计与制作
第十一届	机械创新推进农业现代化、自然和谐迈向仿生新高度	兴农机械和高性能仿生机械的设计与制作
第十二届	灵巧·智能,美好生活	特定水产品初加工机械、叶菜洁净化处理包装一体化机械、高性能仿生蝴蝶的设计与制作

附录3：

全国大学生机械创新设计大赛作品设计说明书实例

附录2：

　　该实例为编者指导的第十一届全国大学生机械创新设计大赛（2024 年）获奖作品，当年大赛主题为"机械创新推进农业现代化、自然和谐迈向仿生新高度"。其中"机械创新推进农业现代化"主题内容为"设计与制作用于生产国产杂粮和 10 种蔬菜的播种、管理和收获的小型专用机械（简称兴农机械）"。因篇幅较长，请读者扫描二维码浏览，仅供读者参考。

简茄设计说明书

附录4：

专利申请实例

以下为编者指导学生撰写的"一种高层建筑玻璃幕墙清洁机器人"专利申请文件，仅供读者参考。

● 说明书摘要

本发明涉及一种高层建筑玻璃清洁机器人，所述机器人的上身体板和下身体板上下对应固定连接，四周用机身四周保护壳密闭，上身体板上安装外壳，上身体板和下身体板之间两侧对称设置有多个爬行机构，所述下身体板下方设置有清洁装置，所述外壳顶部设置有视觉系统，外壳内设置有电路板和24路舵机板，下身体板上固定有电源。本发明通过爬行机构末端的真空吸附装置将清洁机器人吸附在玻璃或墙面上，再由清洁装置中的拖布盘旋转对玻璃幕墙进行清洁，在快速移动的同时，能持续清洁墙面，可解决现有高层建筑玻璃幕墙清洁人工操作的危险问题和现有技术中的玻璃清洁机器人容易脱落、清洁效果不佳以及无法跨越障碍等技术问题。

● 权力要求书

1. 一种高层建筑玻璃幕墙清洁机器人，其特征在于，所述机器人的上身体板（9）和下身体板（15）上下对应固定连接，四周用机身四周保护壳（16）密闭，上身体板（9）上安装外壳（1），上身体板（9）和下身体板（15）之间两侧对称设置有多个爬行机构（2），所述下身体板（15）下方设置有清洁装置（4），所述外壳（1）顶部设置有视觉系统（3），外壳（1）内设置有电路板（6）和24路舵机板（7），下身体板（15）上固定有电源（13），电路板（6）与视觉系统（3）、爬行机构（2）和清洁装置（4）相连接，24路舵机板（7）与爬行机构（2）相连接，电源（13）与电路板（6）、24路舵机板（7）、清洁装置（4）和爬行机构（2）连接。

2. 根据权利要求1所述的高层建筑玻璃幕墙清洁机器人，其特征在于，所述爬行机构（2）包括真空泵（8）、爬行腿旋转舵机（5）、大腿舵机（23）、大腿舵机连接板（24）、小腿舵机（25）和真空吸盘（30），所述爬行腿旋转舵机（5）固定在上身体板（9）上，爬行腿旋转舵机（5）与大腿U形连接件（22）相连接，大腿U形连接件（22）另一端与大腿舵机（23）相连接，所述大腿舵机（23）固定在大腿舵机连接板（24）上，所述大腿舵机连接板（24）另一端安装有小腿舵机（25），所述小腿舵机（25）与小腿U形连接件（26）相连接，所述小腿U形连接件（26）另一端与小腿外壳（27）相连接，所述小腿外壳（27）末端安装有真空吸盘（30），与真空吸盘（30）连通的吸盘通气接头（28）置于小腿外壳（27）内，吸盘通气接头（28）与小腿外壳（27）端部之间设置有减振弹簧

（29），吸盘通气接头（28）通过气管与真空泵（8）连通，真空泵（8）固定于上身体板（9）中央。

3. 根据权利要求1所述的高层建筑玻璃幕墙清洁机器人，其特征在于，所述视觉系统（3）的高清摄像头（31）位于外壳（1）顶部，所述高清摄像头（31）底部固定在摄像头延长块（32）上端，所述摄像头延长块（32）下端夹在摄像头舵机盘（36）与定位块（33）之间，所述摄像头舵机盘（36）安装在摄像头舵机（37）轴上，所述摄像头舵机（37）固定在摄像头舵机固定座（35）上，所述定位块（33）固定在一根8mm光轴（34）上，所述8mm光轴（34）穿过摄像头舵机固定座（35）的圆孔。

4. 根据权利要求1所述的高层建筑玻璃幕墙清洁机器人，其特征在于，所述清洁装置（4）的电动机（18）固定在位于下身体板（15）中央的电动机座（17）上，所述电动机座（17）上方安装有U5编码器（14），所述U5编码器（14）无刷电动机轴端安装有拖布盘固定座（19），所述拖布盘固定座（19）上安装有拖布盘（20）。

● 说明书

一种高层建筑玻璃幕墙清洁机器人

1. 技术领域
本发明涉及机器人技术领域，尤其涉及一种高层建筑玻璃幕墙清洁机器人。

2. 背景技术
现如今，城市里高层建筑比比皆是，大多数的高层建筑都以玻璃幕墙为主，但对于玻璃幕墙的清洁仍然以人工清洁为主，雇佣人工费用高，清洁速度较慢，危险系数极高，对人身安全和玻璃壁面外墙的安全都有很大威胁。

目前市场上售卖的擦玻璃器，只能局限于对一面玻璃的消毒清洁，不能连续大面积地工作，效率大大降低。部分靠磁铁吸力的擦玻璃器也频频出现高空坠物的危险，且清洁效果不佳。

3. 发明内容
本发明提供一种高层建筑玻璃幕墙清洁机器人，其目的在于解决现有高层建筑玻璃幕墙清洁效果不佳、不能连续大面积工作，以及人工在室外及高空作业存在危险的问题。

为了解决上述问题，本发明提供的具体技术方案如下。

一种高层建筑玻璃幕墙清洁机器人，所述机器人的上身体板和下身体板上下对应固定连接，四周用机身四周保护壳密闭，上身体板上安装外壳，上身体板和下身体板之间两侧对称设置有多个爬行机构。所述下身体板下方设置有清洁装置，所述外壳顶部设置有视觉系统，外壳内设置有电路板和24路舵机板，下身体板上固定有电源，电路板与视觉系统、爬行机构的真空泵和清洁装置的水泵相连接，用于控制这些装置的运行状态，24路舵机板与爬行机构的爬行腿旋转舵机、大腿舵机、小腿舵机和摄像头舵机相连接，用于控制各舵机的运行速度和时间，电源与电路板、24路舵机板、清洁装置的水泵和爬行机构的真空泵、各个舵机连接，向这些装置供电。

进一步地，所述爬行机构包括真空泵、爬行腿旋转舵机、大腿舵机、大腿舵机连接板、小腿舵机和真空吸盘，所述爬行腿旋转舵机固定在上身体板上，爬行腿旋转舵机通过腿部舵机盘与大腿 U 形连接件相连接，大腿 U 形连接件另一端与大腿舵机相连接，所述大腿舵机固定在大腿舵机连接板上，所述大腿舵机连接板另一端安装有小腿舵机，所述小腿舵机与小腿 U 形连接件相连接，所述小腿 U 形连接件另一端与小腿外壳相连接，所述小腿外壳末端安装有真空吸盘，与真空吸盘连通的吸盘通气接头置于小腿外壳内，吸盘通气接头与小腿外壳端部之间设置有减振弹簧，吸盘通气接头通过气管与真空泵连通，真空泵固定于上身体板中央。

进一步地，视觉系统的高清摄像头位于外壳顶部，所述高清摄像头底部固定在摄像头延长块上端，所述摄像头延长块下端夹在摄像头舵机盘与定位块之间，用螺栓将三者固定，所述摄像头舵机盘安装在摄像头舵机轴上，所述摄像头舵机固定在摄像头舵机固定座上，所述定位块固定在一根 8mm 光轴上，用于摄像头延长块的轴端固定，所述 8mm 光轴穿过摄像头舵机固定座的圆孔。

进一步地，清洁装置的电动机固定在位于下身体板中央的电动机座上，所述电动机座上方安装有 U5 编码器，所述 U5 编码器无刷电动机轴端安装有拖布固定座，所述拖布固定座上安装有拖布盘。

本发明具有如下优点：

所述一种高层建筑玻璃清洁机器人的每个爬行腿具有 3 个自由度，包括爬行腿整体绕垂直于底盘轴线的旋转，爬行腿大腿绕平行于底盘轴线的旋转，爬行腿小腿绕平行于底盘轴线的旋转，整个机器人具有 18 个自由度，行动自主灵活，能够翻越玻璃间的窗棂，进行连续作业，可清洁玻璃死角等特殊位置。

所述一种高层建筑玻璃清洁机器人为仿真蜘蛛形态，步姿控制稳定，足部应用吸盘稳固吸附与被清洁表面，通过真空泵控制吸盘的吸力，相比靠磁性吸附的机器人具有更好的可靠性和适应性。

机器人本体顶部装有摄像头用于识别和判断地形，从而实现自动路径规划。

所述一种高层建筑玻璃清洁机器人清洁用水与水泵连接，也可通过水管与某层室内水源连接，适用于不同场合的清理工作。

机器人也具备清理天花板、地板以及危险环境勘察等功能，也具有手动操控功能，功能性强。

4. 附图说明
图 1 为本发明的结构示意图。
图 2 为本发明去掉外壳后的结构示意图。
图 3 为本发明内部及清洁装置结构示意图。
图 4 为本发明爬行机构结构示意图。
图 5 为本发明视觉系统结构示意图。
附图说明：1、外壳，2、爬行机构，3、视觉系统，4、清洁装置，5、爬行腿旋转舵机，6、电路板，7、24 路舵机板，8、真空泵，9、上身体板，10、固定泵打印件，11、水泵，12、上下身体板连接铜柱，13、电源，14、U5 编码器，15、下身体板，16、机身四周保护壳，17、电动机座，18、电动机，19、拖布盘固定座，20、拖布盘，21、腿部舵机盘，22、大腿 U 形连接件，23、大腿舵机，24、大腿舵机连接板，25、小腿舵机，26、小腿 U 形连接件，27、小腿外壳，28、吸盘通气接头，29、减振弹簧，30、真空吸盘，31、高清摄

像头，32、摄像头延长块，33、定位块，34、8mm 光轴，35、摄像头舵机固定座，36、摄像头舵机盘，37、摄像头舵机。

5. 具体实施方式

为了使本发明的目的、技术方案和有益效果更加清楚，下面将结合附图，对本发明的具体实施方式进行描述。基于本发明中的实施例，基于本设计的其他实施例，也属于本发明保护的范围。

如图 1~图 3 所示，一种高层建筑玻璃幕墙清洁机器人，所述机器人包括外壳 1、爬行机构 2、视觉系统 3、清洁装置 4、上身体板 9 和下身体板 15，上身体板 9 和下身体板 15 通过上下身体板连接铜柱 12 上下对应固定连接，四周通过机身四周保护壳 16 密闭，上身体板 9 上安装外壳 1。上身体板 9 和下身体板 15 之间两侧对称设置有多个爬行机构 2，所述下身体板下方设置有清洁装置 4，所述外壳 1 前部设置有视觉系统 3。

为了使机器人更加美观，贴近生活，用 3D 打印件给机器人制作外壳 1，将电路板 6 和 24 路舵机板 7 安装在外壳 1 内，将电路板 6 与视觉系统 3，真空泵 8 和水泵 11 相连接，用于控制这些装置的运行状态，将 24 路舵机板 7 与爬行腿旋转舵机 5、大腿舵机 23、小腿舵机 25 和摄像头舵机 37 相连接，用于控制各舵机的运行速度和时间。将电源 13 安装在下身体板 15 上，电源 13 与电路板 6、24 路舵机板 7、真空泵 8、水泵 11 和各个舵机连接，向这些装置供电。同时将走线线路都隐藏在外壳 1 内部，保证内部构件不受损。外壳流线造型设计可减小风阻，保证机器人的轻量化和稳定性。

所述爬行机构 2 的一端固定于上身体板 9 和下身体板 15 之间，另一端安装有真空吸盘 30，爬行机构 2 包括真空泵 8、爬行腿旋转舵机 5、大腿舵机 23、小腿舵机 25、大腿舵机连接板 24 和小腿外壳 27 组成，爬行腿旋转舵机 5 固定于上身体板 9 上，并通过大腿 U 形连接件 22 连接大腿舵机连接板 24，大腿舵机连接板 24 两端分别安装大腿舵机 23 和小腿舵机 25，小腿舵机 25 通过小腿 U 形连接件 26 连接小腿外壳 27，小腿外壳 27 末端安装有真空吸盘 30，内部安装有吸盘通气接头 28 和减振弹簧 29。真空吸盘通气接头 28 与真空泵 8 用 6mm 气管连接，运用真空吸附原理控制真空吸盘 30 内气压，爬行机构 2 触地时，使真空吸盘 30 内气压远小于大气压强，确保机器人能够稳定在陡坡或垂直墙面上，而抬腿时，使真空吸盘 30 内气压与大气压相同，使腿部自由活动，如此往复运动达到在墙壁或玻璃上运动的目的。真空泵 8 固定于上身体板 9 中央，真空泵 8 与电路板 6 连接，通过电路板 6 控制真空泵 8 输气。

本实施例中六只爬行机构 2 对称安装于上身体板 9 和下身体板 15 两侧，三个舵机提供动力，三个舵机分别控制整个爬行机构 2 的步姿，爬行腿旋转舵机 5 控制整个腿部与上身体板 9 连接处的水平转动，大腿舵机 23 控制大腿舵机连接板 24 的垂直转动，小腿舵机 25 控制小腿 U 形连接件 26 的垂直转动。六只爬行机构 2 分为两组交替运动，即一侧的前后腿与对侧中间腿为一组，行走过程中一组的三只爬行机构 2 与玻璃接触并吸附，另一组的三只爬行机构 2 关闭柔性真空吸盘 30 的气阀吸附，并向前行走，两组交替进行，保证机器人稳定行走。

清洁装置 4 包括水泵 11、电动机 18 和拖布盘 20，水泵 11 通过固定泵打印件 10 固定于上身体板 9 上，水泵 11 可连接喷水管进行洒水便于拖布盘 20 清洁玻璃表面，电动机 18 通过电动机座 17 固定于下身体板 15 上，电动机 18 的电动机轴与拖布盘固定座 19 连接，拖布盘固定座下方安装有拖布盘 20。电动机 18 为 U5 编码器无刷电动机，电动机座 17 为 U5 编码器电动机座。拖布盘 20 用于对玻璃主体大面积清洁工作。

水泵 11 喷出的水中添加有除冰剂，不仅可以清洁玻璃表面，还可除冰。便于以后对清洗工具的护理，也可与室内水管连接进行清洁。

所述水泵 11 可为安装的喷水管提供水压，可根据玻璃的污垢厚度选择合适的喷水量和清洁剂含量，行进中拖布盘 20 快速旋转清洁。

所述视觉系统 3 由高清摄像头 31 和摄像头舵机 37 组成，所述高清摄像头 31 底部固定在摄像头延长块 32 上，所述摄像头延长块 32 通过螺栓固定在摄像头舵机盘 36 与定位块 33 之间，所述摄像头舵机盘 36 安装在摄像头舵机 37 轴上，所述摄像头舵机 37 固定在摄像头舵机固定座 35 上，所述定位块 33 固定在一根 8mm 光轴 34 上，用于摄像头延长块 32 的轴端固定，所述 8mm 光轴 34 穿过摄像头舵机固定座 35 的圆孔。高清摄像头 31 在摄像头舵机 37 的带动下可以实现大幅度翻转，视野广阔，从而机器人能够自主检测周围环境，并且做出相应的判断。通过安装高清摄像头 31，使机器人能够实时捕捉周边环境的变化，能够更好地展开作业，适应多种场合。

本发明的工作过程：

机器人的起动过程，其过程如下：首先开启机器人的电源开关，之后立即用双手将机器人抱起脱离地面，等待机器人的六条腿回到预定位置后，将机器人放置到将要清洁的玻璃窗或者墙壁上，并且保证机器人的六条腿底部的吸盘能与需清洁壁面接触，之后手动按下机器人的起动按钮，开启之后等待 10s，待机器人能够自主吸附于玻璃或者墙壁上之后，双手放开机器人，最后，手动按下机器人的工作按钮，机器人便可自主运行工作了。

机器人清洁装置的安装过程，其过程如下：先准备 10L 左右的自来水置于水桶中，将小型抽水泵连接塑料软管，利用水管转换接头，将塑料软管转换为能和机器人上的水管相连接的水管，水管长度根据清理楼层高度自定，连接完毕之后，将小型抽水泵放置于水桶中，并且能够被水淹没，等待机器人已经进入工作状态之后，接通小型抽水泵的电源，小型抽水泵工作，从而完成机器人清洁装置的安装过程。

机器人室内水管连接方法，操作步骤如下：如清洁的建筑较高，可每五层或十层选择一户窗体与室内水管连接。利用水管转换接头来连接室内水管，避免较高建筑清洁时地面水压不足的问题。

机器人工作完成后，待机器人回到原处或者方便够取的位置后，持住机器人按下停机按钮，取下机器人，拆卸水管，拆下拖布盘清洗。

工作原理：

当人手动打开开关后，机器人自动摆正腿部姿态，之后两手托举机器人使其腿部能够贴在墙面或者玻璃上，等待 10s 后，机器人便可以通过小型真空泵的作用，使吸盘内部气压下降，因吸盘内部气压比外部气压小，机器人便能够自主吸附在墙壁或者玻璃上。该机器人通过摄像头可以判断周围环境，从而实现自动避障，底盘中央的拖布盘通过电动机带动旋转，进行清洁工作。

本发明通过墙壁吸附装置将整个清洁机器人吸附在玻璃窗或玻璃墙面上，再通过爬行机构进行移动，由清洁机构对玻璃面进行自动清洁。本发明在高效移动清洁的同时，有效替代了人工高空擦窗和玻璃墙的高危工作，减轻工作人员的工作量及规避人工作业的危险性。

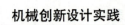

机械创新设计实践

以上实施例仅用以说明本发明的技术方案而非限制，尽管通过上述实施例对本发明的应用进行了详细的描述，但还可以将其应用于特殊环境清洁与勘察等用途。

● 说明书附图

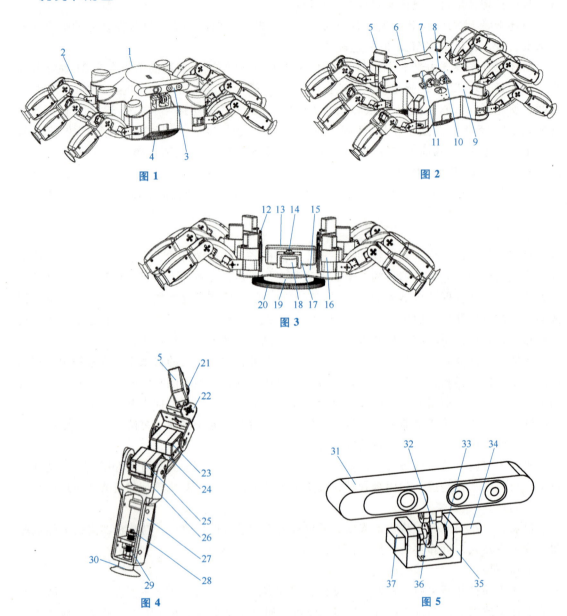

图 1

图 2

图 3

图 4

图 5

166

参 考 文 献

[1] 杨树栋. 机械工程——中国古代技术进化的标志 [J]. 山西大学学报：哲学社会科学版，2005, 28
     (1)：98-101.

[2] 刘克明，杨叔子. 中国古代机械设计思想的科学成就 [J]. 中国机械工程，1999, 10 (2)：199-202.

[3] 张春林，赵自强. 机械原理 [M]. 北京：机械工业出版社，2013.

[4] 张海霞，鲁百年，陈江，等. 创新工程实践 [M]. 北京：机械工业出版社，2020.

[5] 夏新鑫，王世杰. 基于 TRIZ 理论的并行潜油螺杆泵的创新设计 [J]. 机械，2009, 36 (2)：53-55.

[6] 李彦，李文强，等. 创新设计方法 [M]. 北京：科学出版社，2013.

[7] 朱龙根. 机械系统设计 [M]. 2 版. 北京：机械工业出版社，2001.

[8] 刘火良，杨森. STM32 库开发实战指南 [M]. 2 版. 北京：机械工业出版社，2017.

[9] 丁洪生，荣辉. 机械原理 [M]. 北京：北京理工大学出版社，2016.

[10] 邹慧君. 机械系统设计原理 [M]. 北京：科学出版社，2003.

[11] 徐漫琳，李立成，武时会. 机械原理 [M]. 重庆：重庆大学出版社，2016.

[12] 杨乃定. 创造学教程 [M]. 西安：西北工业大学出版社，2004.

[13] 张磊，郑杰，赵亚菲，等. 从现代设计走向创新设计 [J]. 机械设计，2024, 41 (8)：1-5.

[14] 张丽杰，冯仁余. 机械创新设计及图例 [M]. 北京：化学工业出版社，2018.

[15] 杨家军. 机械创新设计与实践 [M]. 武汉：华中科技大学出版社，2014.

[16] 孙亮波，黄美发. 机械创新设计与实践 [M]. 西安：西安电子科技大学出版社，2020.

[17] 汤赫男，孟宪松. 机械原理与机械设计综合实验教程 [M]. 北京：电子工业出版社，2019.

[18] 符炜. 机械创新设计构思方法 [M]. 长沙：湖南科学技术出版社，2006.

[19] 白清顺，陈时锦，刘亚忠，等. 现代机械设计理论与方法 [M]. 2 版. 哈尔滨：哈尔滨工业大学出
      版社，2023.

[20] 贾振元，王福吉. 机械制造技术基础 [M]. 北京：科学出版社，2011.

[21] 张鄂，张帆，买买提明·艾尼. 现代设计理论与方法 [M]. 3 版. 北京：科学出版社，2019.

[22] 白清顺，孙靖民，梁迎春. 机械优化设计 [M]. 7 版. 北京：机械工业出版社，2024.

后　记

虽有嘉肴，弗食，不知其旨也；虽有至道，弗学，不知其善也。

——《礼记·学记》

岁月悠悠，转眼七载已过，初次指导参赛学生的情景仿佛就在昨日。那时，他们还只是青涩的大一新生。如今，他们中有的考入知名大学读书深造，有的在科研机构或企业工作，有的正在开启创业梦想……

编者撰写此书，是希望将教学与竞赛指导的心得体会与实战经验，分享给更多学生。此书的每一章节力求文字精练、通俗易懂、内容实用，期望能为同学们提供一条清晰、系统的创新设计实践之路。对于更深入的理论探讨、设计计算、软件应用等，希望大家能在专业课程学习中不断探索，并参考相关书籍与案例进行实践演练。指导学生进行创新实践的过程，也是教学相长的过程，促使我不断反思与改进。我们共同学习，共同思考，从灵感的火花到作品的诞生，每一步都凝聚着青春的汗水与梦想的执着。我们一同经历了从创意到实现的艰辛与喜悦，我也有幸见证了同学们的成长与蜕变。

希望有更多的学生能够积极参与机械创新实践，以智慧与勇气发掘自身潜能，运用所掌握的专业知识创造更加美好的未来。

汤赫男
2024 年于沈阳